让每一天
都有迹可寻的
手账指南

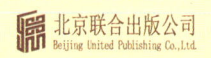

Babe 著

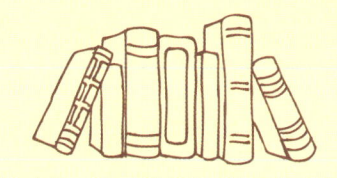

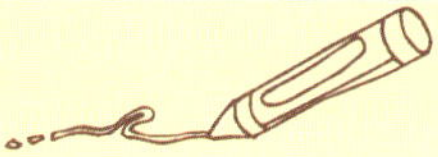

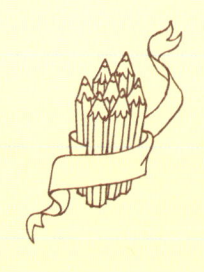

北京联合出版公司
Beijing United Publishing Co.,Ltd.

图书在版编目（CIP）数据

让每一天都有迹可寻的手账指南 / Babe 著. — 北京：北京联合出版公司，2021.4

ISBN 978-7-5596-4955-3

Ⅰ.①让… Ⅱ.①B… Ⅲ.①人生哲学—通俗读物 Ⅳ.① B821-49

中国版本图书馆 CIP 数据核字（2021）第 015179 号

让每一天都有迹可寻的手账指南

作　　者：Babe
出 品 人：赵红仕
责任编辑：郭佳佳

北京联合出版公司出版
（北京市西城区德外大街83号楼9层　100088）
北京联合天畅文化传播公司发行
天津光之彩印刷有限公司印刷　新华书店经销
字数 197 千字　710 mm × 1000 mm　1/16　印张 17
2021 年 4 月第 1 版　2021 年 4 月第 1 次印刷
ISBN 978-7-5596-4955-3
定价：59.80 元

版权所有，侵权必究
未经许可，不得以任何方式复制或抄袭本书部分或全部内容
如发现图书质量问题，可联系调换。
质量投诉电话：010-88843286/64258472-800

contents
目 录

01 个人管理逆袭体系

逆袭利器——手账是实现人生管理的必备工具　003

时间管理——普通人最简单的逆袭之道　009

精力管理——为什么时常会感到很累？　028

学习管理——爱学习的人总是少数，还好你是万分之一　034

情绪管理——情绪是保持自律的一剂良药　048

梦想管理——人如果没有梦想，跟咸鱼有什么区别？　053

成长路径——高效的自我成长不可缺少的步骤　058

02 高效管理学习体系

学习动力：三大方法帮你找到学习动力　065

学习能力：跨越学霸与学渣之间的鸿沟　075

学习毅力：三步轻松有效提高意志力　085

学习笔记：高效学习笔记是如何炼成的　089

03 行动力升级体系

为何设立目标总被打脸　099

行动升级：学会利用三个法则，训练从弱到强的行动力　105

行动清单：改变你的拖延行为，成为行动超人　110

提升效力：简单四步，成为 20%"说到做到"的人　115

04 财富管理节流体系

摆脱迷茫：熟练利用根源击破浑噩模型　129

三大方法：如何用手账帮助自己进行金钱管理　136

终极秘诀：真正让你致富的简单诀窍　149

05 财富管理开源体系

赚钱的逻辑：破除没钱没人脉的咒语　153

开通管道：构建 1+N 个管道　159

滚雪球效应：让收入指数型增长的秘诀　165

06 多元兴趣管理体系

区分兴趣：你的兴趣是伪兴趣还是真兴趣？ 171
发散兴趣：利用专长管理工具，拥有多元人生 181
刻意练习：打破三分钟热度，刻意练习兴趣力 184

07 思考力管理体系

态度升级：开放性心态，助力达成目标 195
思想深度：跳出本能反应，打破旧有思维模式 201
长远目光：按下暂停键，解放内心纠结的自己 204
你的第二个大脑：思维补给站 207

08 职业升迁管理体系

工作计划：利用三驾马车，实现高速职业升迁　213

理想工作：转动理想职业三要素，让能量持续提升　222

09 生活美学管理体系

精致生活：成为社交媒体中的一股清流　231

简单四步：你也能拍出大片　235

附录　精美手账作品展示　257

VCE
VENICE
FLIGHT
TO
243
VNC
00-79-79
YOUR BAGGAGE IS CHECKED TO
VENICE
FLIGHT
00-79-79
DP 160
RED DRAGON
EAU DE NIL

01

个人管理逆袭体系

逆袭利器——手账是实现人生管理的必备工具

写手账以来,我一直很喜欢一句话:"我向往的不是手账,而是满当当的人生。"所以,我一直自诩自己是拥有满当当人生的人:写手账、练字、学画画、探索音乐、打篮球、跑马拉松、蹦极、摄影等。我喜欢挑战新鲜事物,而每一次挑战,都让我的生活变得更加有滋有味。

我们生活在这个世界上,或是平凡地消磨漫长的时间,或是积极地争分夺秒体验人生。我最喜欢三毛对待人生的观点,她说:"人生这么短,抢命似的活是唯一的办法,我不愿慢吞吞地老死。"这本书记录了我如何运用手账这个自我管理的工具,慢慢从一个不自信、迷茫、懒散的工作小白转变为乐观、积极、凡事游刃有余的自由职业者。希望在看这本书的你可以从中得到一定的启发和感触。

记得在大学时期,我去图书馆的次数不超过20次,通常去了也是刷手机。除了大学课本,看过的课外书几乎不足20本!做什么事永远是三分钟热度,在学习上从来只是靠运气,是一个"60分万岁"的懒癌患者和一个老师并不那么喜欢的下游学生。就是这样一个有点无可救药的懒癌患者，现在却成为一个自律的持续学习者，可以任性做自己，也拥有选择自己人生的权利。通过手账这个自我管理的工具，我做了两年的自由职业，不能说是成功，但确实活出了真实的自己。

所以我很了解，当一个人处于没有自制力，掉进拖延坑里时那种持续焦虑、迷茫的状态。写这本书的意义就在于帮助有同样状况的朋友摆脱颓靡不振的状态，让自己的人生慢慢好起来。

当然，我们不能一味地认为"只要我开始写手账，就一定能够脱胎换骨"，因为所有的事情都离不开时间的复利，以及自己坚定的信念。我永远相信一句话：进一寸有进一寸的欢喜。

1.什么是手账？

这些年，"手账"一词已慢慢从小众的文具爱好者普及到学生和职场人士，我们随时随地都能看到有人从包包里拿出一本笔记本记录些什么。但你可能还是会有疑问：手账到底是什么？

有很多人在日常生活中虽然并未接触过"手账"这个词，实际上却早已开始用手账记录自己的日常生活了。小时候我们会经常写日记，上学后写学习笔记，工作后写工作计划，甚至追星时也会在本子上贴满偶像的照片、写满歌词，等等，现在这些都统一被称为"手账"。

"手账"一词源于日本，随着互联网时代的发展而传入中国，被更多的文具爱好者熟悉。

在日语语境中，"手账"中的"手"代表放在手边，方便随身携带；"账"源自"帐"，代表备忘录。据说"手账"在明治时代就已经出现，最早是为政府和军队官员特别设计的，作为"行程记录本"使用。行军打仗的时候，元帅们会召集军师在各自的帐篷里部署作战计划，目的就是带领战士们打下胜仗。

其实，我们自己的人生也如在帐篷里做计划一样，运用"手账"这个记录本，能够帮助我们在岁月的长河里，打下一场又一场胜仗，完成一个又一个目标，最后拥有自己想要的人生，成为自己想要成为的那个人。我一直将手账定义为自己的人生逆袭利器，是实现人生管理的必备法宝；运用手账进行时间管理、目标管理，帮助我规划人生的每一步。

所以，手账具备两大核心功能：记录与计划。

记录——记录人生的"快意恩仇"

我常常会在手账上记下所有的"快意恩仇"，记录下当时发生的开心的、兴奋的、伤心的、懊悔的事情，哪怕只是一些生活中不起眼的小事。这些大大小小的瞬间，一一记在本子上，待到年老后再翻阅已经陈旧的手账本，我想那应该是人生中的一大乐事。

计划——计划你想要的未来

所谓计划，就是你设定的一段时间内想要达成的目标。在这个特定的时间段内，我们要去寻找可以实现目标的方法和途径。简单来说，是用目标去倒推行动，一步步地瓦解前进道路上的困难。

2.手账的分类有哪些？

在用过了许多的手账本以后，市面上的手账本类型，我大体将其分为两种类型：无纸化手账和纸质手账。

无纸化手账是随着互联网发展起来的产物，不管手机、iPad，还是电脑，都可以用来进行记录和规划，所以它们是更加符合现代人使用的高效率"电子兵器"。

我最常用的无纸化手账有Goodnotes、Notability。这两个都是无纸化手账爱好者非常热衷的App，完全可以替代纸质手账，而且可以自己设置电子手账的页面、内容，随时随地使用，很是便利。

市面上还有很多办公软件，比如印象笔记、滴答清单、有道云笔记等。当我们没有带手账出门，但又有重要的事情需要记录和查看时，就可以借助这些办公软件。

其次是纸质手账，常见的纸质手账内页可分成方格本、点阵本、空白本、横线本等，常用的尺寸有A5、A6、B5、B6等。

无纸化手账的优点是显而易见的：效率高、便携且符合时代特征。但为什么纸质手账的地位依旧屹立不倒，市面上仍有许多文创品牌如雨后春笋般层出不穷？这或许跟我们从小养成的写字习惯有关。

正如我这样一个重度文具爱好者，即便我非常喜欢高效率的无纸化手账软件，但也因为目前所处的社会节奏过快，不管是在iPad上写字，还是在电脑键盘上打字，只要不断网，随时都会有各种不同的信息弹出来打断思路，让人有一种无法逃离快节奏生活的感觉。所以我会很向往一片慢节奏的绿洲，有那么一个允许自己停下来的时刻，好好感受当下生活的喜悦。当我们在夜晚拿出手账本，把手机网络暂时关闭半小时，然后打开台灯坐在书桌前，拿起钢笔，在纸上写下今天的总结或第二天的计划时，笔尖会发出"沙沙沙"的声响。那简短的30分钟是治愈内心的，那或许才是一天中真正属于我们内心的时刻。

在手账圈里，大家会根据自己的爱好选择不同的手账品牌。

较知名的手账品牌有：Moleskine、Hobonichi、Travel's Notebook、Filofox、灯塔和国誉自我等。如果你刚开始接触手账，完全不必跟风去选择一些昂贵的手账，只选对的，选适合自己风格的才是最明智的。不管哪一种手账，只要能够实现"记录和计划"的两大核心功能，就完全可以作为我们的称手兵器。

3.写手账能带给你什么？

写了一段时间手账以后，不得不说，我的生活发生了一些很微妙又很喜人的变化。当我想要改变拖延行为时，我会根据自己手账上写下的事项一步步地去行动；当我感到内心焦虑时，我会及时写下来，深入地思考情绪的由来；当自己完成了一个项目时，我会在手账上记录项目的过程与结果，进行深度复盘和延续。

慢慢地，我对自己的生活有了一种说不出的掌控感。仿佛只要打开我的手账本，我就能够看到未来的成长轨迹，焦虑、迷茫、不安、苦恼的情绪被行动取而代之。我变得内心笃定且有行动力。

我一直认为，每个内心想要变好的人，都会提前在心里想好明天的计划。假如我们不曾计划过明天的时间，那我们也未必会计划未来的人生。人生是不可能突然变好的，我们要一步一步去改变。

可以设想一下：你希望写手账这件事情能够给你带来些什么呢？你可以把这个期许写到自己手账本的扉页上，等过几年再回过头翻看自己当时的愿望是否实现了。就像在手账本上轻轻地埋下一个"时间胶囊"，等待打开的那一天，自己能够舒坦地说一句："哇，我做到了！"

时间管理——普通人最简单的逆袭之道

有那么一两年，我总是觉得时间不够用、精力不够用，想做的事情却有很多，莫名地觉得恐慌，好像被生活牵着鼻子走。究其原因，我发现是我忽略了对自己独特的资源进行管理，比如重要的时间资源和精力资源等。当我意识到是管理方面出现问题后，我开始探索用手账这个工具来帮助自己建立人生的管理体系。

在建立手账管理体系初期，我先在白纸上写下一个问题：我所需要建立的自我管理体系是什么？以这个问题为中心，向外发散，并谨慎思考。不宜太笼统，这样很难落到实处；但也不宜太过复杂，这样会很难执行。

我们人类是特别复杂的动物，从大脑到情绪再到行动，每一个环节都包含许多的学问。所以关于自我管理，其实也是一个非常大的命题。如果想要较全面地进行自我管理，我们需要将它分块，就像是一大块牛肉，在烹饪的时候，需要将它切得小一点。经过自己的实践，并进行多次修改后，最终我将自我管理体系分成了五个我认为相对比较重要的体系，分别是：时间管理、精力管理、学习管理、情绪管理及梦想管理。

以下展示的都是我在个人工作和生活中通过实践后，最终留下的适用且简单的管理方法，而我也据我所需建立了相应的手账体系。当我学会管理这五大资源体系后，我发现自己在生活中慢慢地摆脱了令人苦恼的拖延行为，生活质量和工作效率都有了飞跃性的提高。

我非常喜欢《奇特的一生》这本书，作者是柳比歇夫先生。他的一生非常奇特，把一辈子活成了普通人的几辈子。身为昆虫学家的他，涉猎研究的范围却异常广泛，比如生物学、哲学、数学、文学和历史等等，发表了70多部学术著作，短短的一生却留下了非常丰富的文化遗产。

柳比歇夫从26岁开始写日记，一直到老去，中间从未间断过。他开创了一个很简单但也非常奇特的"时间统计法"，即每天写日记时，记录自己每天做的各项事情分别用了多少时间，每天都统计他的时间分配。就这样简单的几行文字记录，他坚持了56年。他的事迹让我明白了一个道理：奇迹，有时或许就是坚持的代名词。

许多人的大部分时间都是浑浑噩噩地度过，过着匆忙的一生，这是因为没有将宝贵的时间很好地利用起来。身为一个自由职业者，如果不想让自己的生活失控，首先要学会严格地管理好自己的时间资源。在时间管理方面，我曾经使用过至少20种方法，或复杂或简单。最后，在自己的时间管理体系中，保留几个我觉得有效且容易坚持的方法，分别是：

> 计算每日可自由支配的时间；
> 将弹性时间变成刚性时间；
> 分解长期目标，建立每日清单Routine（每日清单日常工作）；
> 心态从"一定要"变成"坚持要"。

ROUND.
11 sunday D49/100
Finish my bujo
Reading book 1h
Article's idea
Go to FutianKouAn
watch Tv <奇葩说>
8 thursday D46/100
Graduation !
write an article
watch < Legal high >
book demo - Finish
Reading 40mins
12 monday D50/100
write an article
watch Tv < basketball >
Reading book
Take a photo
Listen to Mr.Li
9 friday D47/100
Go to bank
Listen to Mr.Li
Reading book
Repeat lesson
writing 60 mins
13 tuesday D51/100
Running 6km
write an article
watch Tv <毒液>
Reading 1h
Take a photo
10 saturday D48/100
Reading 2h
Telephone Dad/Mom
writing 60 mins
watch Tv <奇葩说>
watch TV < 明星大侦探 >
14 Wednesday D52/100

29th monday
30th tuesday
Summary
31th Wednesday
Oct 22-28
life is simple
22th monday
23th tuesday
24th Wednesday
25th thursday
26th friday
27th saturday
28th sunday

1.计算每日可自由支配的时间

世界上最公平的东西,就是我们每天所拥有的时间。我们可以做时间的主人,将它支配起来,并将自己可支配的时间计算一下。拿我个人举例,我的时间分配大概如下:

工作8小时;

睡觉8小时;

个人可自由支配时间8小时。

在我还未成为自由职业者之前,需要加上上下班的通勤时间。由此一来,我要减去"可预见需要消耗的时间",比如上下班通勤的1.5个小时,一日三餐约1.5个小时的时间,饭后休息约1个小时的时间。晚上回到家后,身体和心灵都有一定程度的疲惫,会看剧来放松、休息一下,大概需要1个小时。最后用"个人自由支配时间"减去"可预见需要消耗的时间",剩余不到3个小时。如果工作稍繁忙些,偶尔需要加班,那么留给自己可自由支配的时间就更少了。一旦遇到这种情况,就会觉得自己的时间根本不够用。

作为年轻的一代,最不被珍惜的资源就是健康资源,年轻时我们都特别能熬夜,因为不甘愿匆匆结束这一天,只能通过熬夜来增加这一天的时间长度。所以,如果想要增加个人可自由支配的时间,就会不自觉地选择缩减睡眠时间,但这种透支健康的行为是不可取的。

这样分析后我会清楚地知道自己每天的时间分配,并且意识到自己并没有合理安排好时间,甚至以牺牲自己的睡眠时间来换取并无太大意义的娱乐时间。懊悔不已的同时，我决心一定要扭转这样的局面。属于自己的时间其实是很短暂的，我们要将它用于提升自我，而不是浪费在无意义的事情上。

2.将弹性时间变成刚性时间

我在工作的时候，曾经遇到过这样的一个选择：晚上有个非常重要的纪念日，但手头上的工作还没有做完，如果是你，你会怎么办？

A.先把工作丢下，约会最重要；
B.提高效率，加快完成，争取能够准时赴约，两不耽误。

我想大家都会选择B选项。在有强迫性规定的时候，又想把另外一件事情办好，那就只能不断地想办法提高效率，尽最大努力去完成这件事情。但通过平时的自我观察，如果临下班前无其他重要的事，我反而会晚点下班。其原因正是因为觉得后面没有重要的事情做，就放低效率，在小事上消磨3个小时。

在这个选择中，我充分地理解了两个时间概念：一个是刚性时间，一个是弹性时间。

刚性时间在于它有一个时间限制。其间或许要同时完成几件事，但这个时间底线能够激发你的脑细胞，去思考用什么样的方式能够最大化地使用好现有的时间。

弹性时间相对来说就自由了，对个人没有任何约束力，正因为什么时候做完都可以，所以才会拖延。

明白了这两个概念以后，在之后的时间管理中，即使是相对弹性的时间，我都会将它转变成一个刚性时间，并调好闹钟提醒自己。比如，晚上8点是锻炼时间，10点是阅读时间，11点30分是睡觉时间。有了刚性时间的约束后，我大大减少了自己的拖延行为。不管是我的工作效率，还是学习效率，都提高了不止一倍。

自此之后，我很少会再说"我没有时间去做×××"。只要这件事情在我的心中是比较重要的，排序是比较靠前的，一切都会为这件事情或者这段时间让路。

3.分解长期目标，建立每日清单Routine

我在我的手账本上写了这么一句话：人生不过是无数个习惯的总和。

每个人都有不同的行为习惯。比如，早上起来做的第一件事，是先玩手机还是先吃早餐；到公司后，是先和同事聊天放松心情，还是先写每日清单，梳理今天的工作任务；下班后是先做顿健康的饭菜，还是躺在沙发上玩游戏；晚上是规定时间写字、看书，还是煲剧、熬夜；等等。这些行为往往都是习惯的产物。更重要的是，这些细小的习惯日积月累，便会对我们的工作效率、健康程度和个人成长，甚至是生活的幸福感等，产生巨大的影响。

当我意识到这一点后，我就开始观察和记录自己的每日清单Routine。这个每日清单Routine也不是空穴来风，看别人做什么就做什么，而是跟我的长期目标关联的。

我想成为一个自律且具有生活感受力的人。如果想成为这样的人，实现这个长期目标，我做的第一件事就是分解长期目标。开始从自我管理、学习力、行动力，再到财富管理等方面，进行学习和研究。在每天的行动过程中反复调整和修改，然后脚踏实地地去实现自己想要达成的目标。

除了分解目标以外，还离不开每日的练习。于是，我就通过掌握每日清单Routine来把握自己的生活和工作。

就这样简单的一个每日清单Routine，坚持了三个月后，我慢慢地对自己的生活有了掌控感，并且知道自己如何才能够让这个时间段发挥更大的作用。当我能够对自己的时间有一定的掌控后，我似乎找到了人生的主动权，而这是我在三个月前从未想过的事情。

4.心态从"一定要"变成"坚持要"

世界上再完美的计划也赶不上变化。我虽然外表看起来是个相对温柔的人，骨子里却是一个比较好强的人。我常常会在定下目标后告诉自己："一定要好好完成它！"但是对"一定要"达成的目标，大部分的思维是"只许成功，不许失败"。这种思维是很危险的，因为我不愿意面对失败的结果，所以就完全没有办法从失败的结果中吸取经验教训。

几年前，我因为想减肥便选择了跑步，并给自己定下连续打卡跑步100天的目标。结果在第七天时因一些情况没能去跑步，从那天开始自己竟再也没去跑步了，过了一两个星期就完全将跑步这件事抛诸脑后了。后

让每一天都有迹可寻的手账指南

" The most dynamic moment.
BABEPHOTO "

01 个人管理逆袭体系

> "The most dynamic moment.
> **BABEPHOTO**

25 wednesday
- Go to Hongkong
- Thinking 1h + ipad
- Take a photo

26 thursday
- write an article
- Reading books
- watch TV《宫秘书》

27 friday
- painting 2h
- Finish book note
- Finish an article
- Reading 1.5h

28 Saturday
- watch TV《Rap of china》
- Forest 3h 3节课
- painting 4h

29 Sunday
- Listen to 3节课
- watch movie《西虹市首富》
- writing 2h - Forest

30 Monday
- Run 30mins = 5KM
- Learning 400mins 6节课
- watch movie
- write my notebook

31 tuesday
- Run 30mins = 5km
- write an article (summary)
- Learning 300mins+
- set up August bujo

Great month
happy birthday Harry Potter

♡ —— **July Summary** —— ♡

✓ 过了极度自律的7月，8月的小目标是：好好休整，努力奋斗！

✓ 将起早手册写起来，并早睡执行。

✓ 7月没有浪费时光，一切都往更好的方向前进

new month : 学习 输出 健身 旅行   Have a nice month.

Lazy Eggs

来，我在分析自己的行为模式时，发现了三个问题：

① 我高估了自己坚持做一件事情的决心；
② 我违背了人在想要改变时，需要符合循序渐进的规律；
③ 我在打卡失败一次之后，就给自己判了"死刑"。

所以我就根据自己分析出来的问题，一点点进行改正，最后给自己写了三个小锦囊：

① 不要给自己设置超过自己能力范围的事。比如，刚开始我只能跑3公里，但我给自己设置每天要跑10公里，这注定就是一次的失败挑战。

② 刚开始改变时，一定要遵循循序渐进的规律。进一寸有进一寸的欢喜，但总归坚持在做一件事，要对未来的进步保持更大的信心！

③ 如果在坚持的过程中，有事情让任务中断了，不要立刻给自己下定论。可以像玩游戏一样，给自己设置2至3条命，失败了还能再复活一次。这样可以避免出现在失败一次后，就全盘否定自己的情况！

结合时间管理小方法，再把它落实到自己的日程管理手账体系中。我在不同的阶段中，使用的是两种不同的记录方式：一种是在开始时间管理初期，使用每日的时间轴来帮助自己记录时间和事项，目的是帮助自己提高对时间的敏感度。另一种是我在能够更高效地掌控自己的时间和注意力以后，一直使用到现在的子弹笔记法（Bullet Journal），它能够很好地帮助我解决日程上的所有事情。

第一种：时间轴记录法

适用人群：时常想不起把时间都花在了什么地方，对时间不敏感且时间管理能力相对较弱的人。

使用手账本：任何带有时间轴或者可自制时间轴的手账本即可。我一开始使用的是日本的Hobonichi，自带时间轴，且还有每日一页可供记录。

使用方法：我会将时间轴分成计划和记录两个模块，写的时间点是前一天晚上睡觉前和当日中午。

在晚上睡觉前，计划明天上午应该做的事情，等醒来时就按照时间轴上的计划行动；等到中午的时候对比一下原定上午的计划，是否按照计划进行。因为有时候计划会赶不上变化，如果有变化的话，在中午对比复盘的同时，重新计划下午或者晚上要做的事情。

在计划的时候需要注意的是，不用把时间分割得太过于精细，比如分成每半个小时就要完成多少事情之类的，这样会让人感觉压力非常大。人一般都会有畏难心理，越难就会越恐惧，导致坚持不下去。所以计划在每一个小时里完成哪些事情就可以了。

还有非常重要的一步：思考总结。复盘今天的计划和实际行动的差距，找出出现差距的原因，并及时调整。

第二种：子弹笔记法

运用时间轴记录法一段时间后，我慢慢开始能够把握一天的时间了。根据自身的需求，便不再需要每天都记录时间轴。后来我学习到了风靡全球的子弹笔记法，简称bujo，是一种可以实现快速记录及计划的笔记本，目的是快速高效地解决人们的任务整理、日程安排等问题。我使用这个方法直至今日。经过我自己改良后的子弹笔记法，变得较为简单。

我的子弹笔记主要包括五个要素。

要素一：月历圆盘

首先，在每月伊始时画好本月的月历圆盘，这样可以帮助自己快速地安排日程，以及标记出本月必须要做的重要事件。

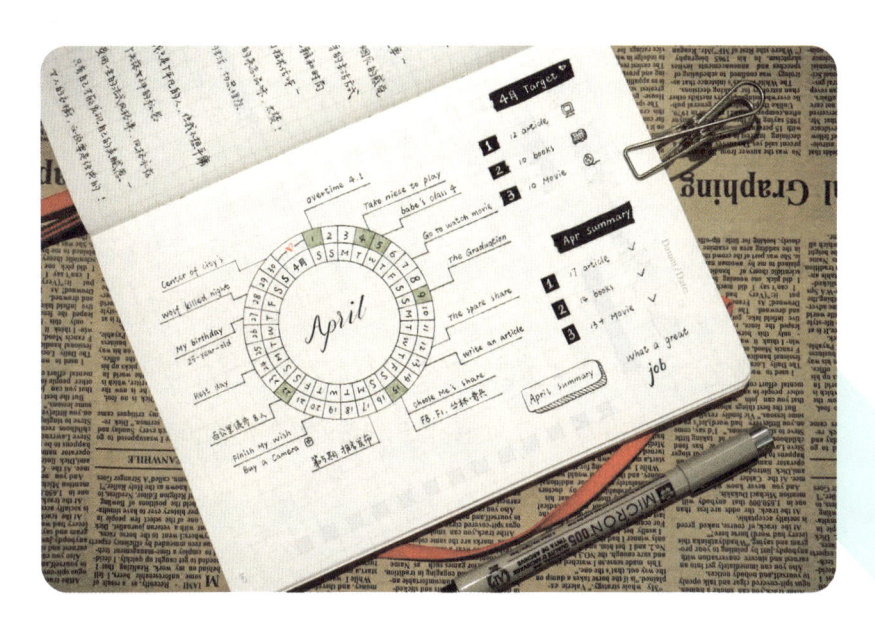

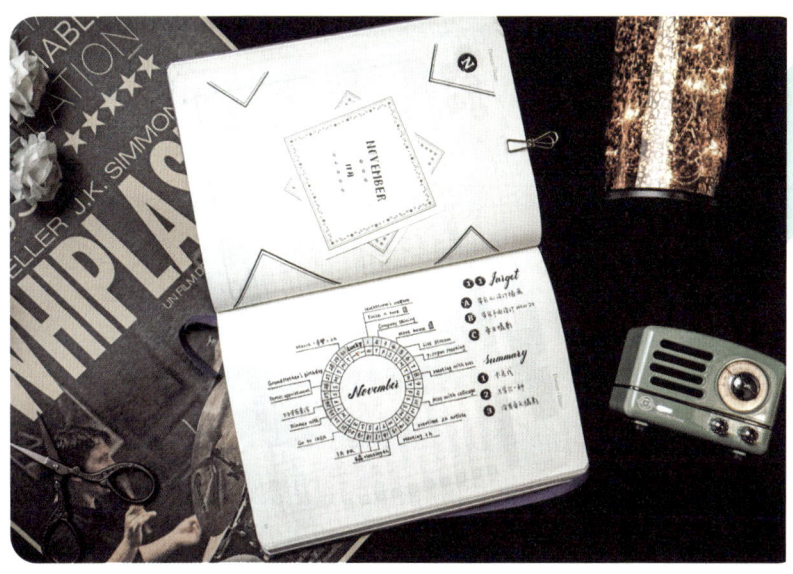

月历圆盘的制作和使用方法：制作圆盘很简单，一个圆盘就如同一个月的日历，然后在里面标注好月份和日期。为了聚焦本月要做的事情，在月初时，我会将这个月关于成长的三个目标写在圆盘旁边。

比如，上图中的三个目标为：

读10本书；

观看10部电影；

写10篇文章。

然后在月末的时候，看下自己有没有达成这三个目标，再分析下没有达成目标的原因。不用太精细，因为更加详细的分析总结，会在单独的页面进行复盘。

要素二：主题清单

设置好月历圆盘以后，就要开始策划本月的主题清单。我个人比较常用的清单有：阅读清单、电影清单、运动页面、10000分钟挑战、五斧头打卡页面等，这些主题清单都是可以根据我们当下的需求去设置的。

尤其要推荐使用的一个主题清单是每月的10000分钟挑战。由于我是自由职业，所以大部分时间都可以由自己控制，对上班族的建议是每月5000分钟挑战，每天不到三小时。

我一直认为注意力在当今互联网时代显得尤为珍贵和稀缺。我们的注意力时常会被许多事情瓜分，不管是网络、游戏、娱乐，还是商家等，都在抢夺我们的注意力。一旦当我们把注意力放在娱乐上面，可想而知，个人成长就很容易停滞不前。为此，我设计了对自己发起的"10000分钟挑

01 个人管理逆袭体系

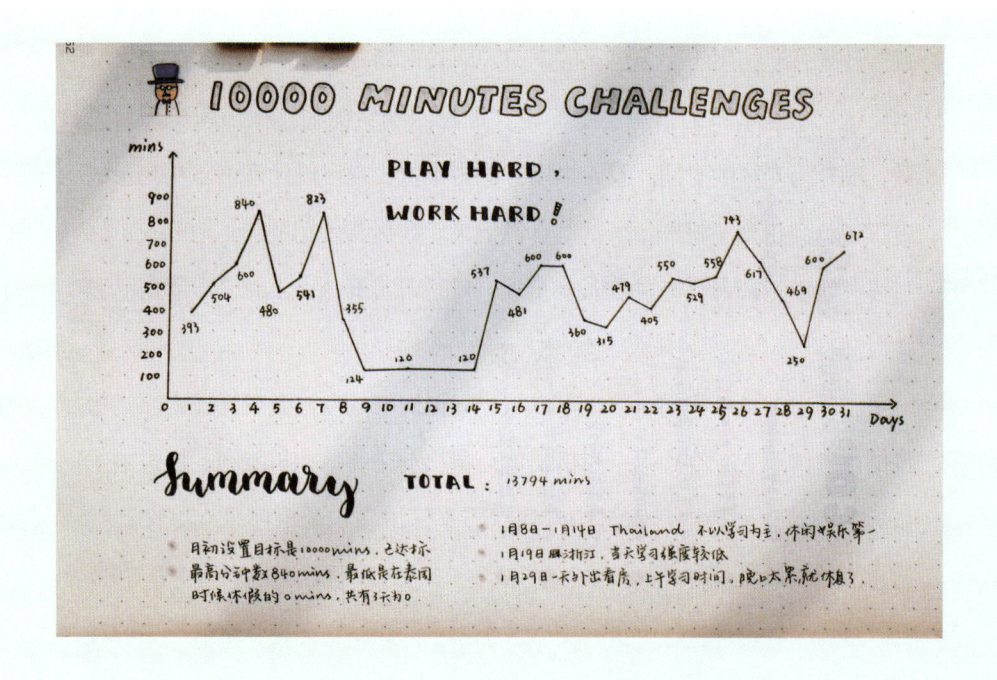

战"计划，专门用于记录自己的学习和成长时间。

这个主题清单的书写也很简单，设置两个坐标轴，横轴为本月的天数，纵轴为专注的时间。我习惯以分钟为单位，自己设计即可。在记录的过程中，会用到手机App来帮助自己记录。我最常使用的App是Forest，只要开始学习或者是有关成长类事项，就可以打开这个App来帮助自己记录时间。

在晚上记录手账的时候，可以将当天记录好的专注时长标注在原本写好的主题清单上，等到一个月后，就会得出一个简单的折线图。通过这个折线图我可以知道自己本月的专注状态是区域稳定的，还是上下波动很厉害。

最后，我会通过这个折线图做一个小小的总结，回顾一下哪一天的状态是最好的，为什么会好，下个月如何继续保持下去；反之，回顾一下哪一天的状态是较差的，并总结出状态差的原因，下个月及时调整。

要素三："子弹"

"子弹"是子弹笔记的灵魂，是指用不同的符号来区分不同的事项。"子弹"是可以随意定义的，没有任何标准，只要写得顺手就可以。比如，我会用一个小黑点来代表今天的每日TO DO LIST（待办清单），用小圆圈来代表自己突如其来的灵感，用方框来代表比较严肃的任务等。

要素四：标记

标记是用于标注"子弹"事项的状态，标记的方法也是自定义即可。

我的日常书写习惯分为：需要优先完成的、已完成的、需要推迟完成的、突如其来的灵感。

要素五：每日TO DO LIST

每日TO DO LIST是我们子弹笔记中很重要的一步，在手账页面中分别用不同的"子弹"来表示不同的任务。当写下了这个TO DO LIST 以后，就可以心无旁骛地去完成这个任务。完成后，再用不同的标记来标记这个状态，然后进行下一步的行动，以此类推。

关于每日TO DO LIST的页面，我一般会用两页写一个星期的TO DO LIST。在写完两页以后，基本上会在右下方加上周总结部分，这能够让我及时地总结这一周的工作和生活进程。

总而言之，我的日程管理体系其实并不复杂，但把所有的元素都放到一起用于管理时间，竟给我带来了极为强烈的安全感。慢慢地，它就成了我日常最离不开的一个手账本了。

当我意识到时间对于人生的重要性时，便开始用手账管理时间，也学会了分解自己的长期目标。对于我来说，这个策略其实是非常有效的。我们把时间视觉化，在本子上就能看得到时间流逝的踪迹，看得见的时间让人更加有掌控感。而一旦对生活有了掌控感后，一系列的积极变化便就此发生。

mon

3 ◐ 开学典礼

- [/] 排版在行文章
- [/] 制作 L2 PPT
- [/] 写完 L2 稿件
- [/] 确认合作文件
- [→] 写一篇书的样章

tue

4 ◐ Do the PPT

- [/] swimming 1h
- [/] 制作 L2 PPT
- [/] Finish word
- [→] book demo
- [/] Watch TV 2h

fri

7 ◐ L2 PPT + word

- [→] book demo
- [/] check homework
- [/] PPT 8h
- [/] Reading 1h
- [/] swimming 1h

sat

8 ◐ L2 PPT + word

- [/] swimming 1h
- [/] Digital notebook
- [/] PPT 8h
- [/] watch TV 2h
- [/] Reading 1h

wed
5
- L1 财富管理篇
- [x] swimming 1h
- [x] PPT 8h
- [x] watch TV 2h
- [x] Learning 1h
- [x] Reading 40mins

thu
6
- Digital Note
- [x] swimming 1h
- [x] Digital Notebook
- [x] watch TV 2h
- [x] coffee shop 5h
- [x] check homework

sun
9
- L2 PPT + word
- swimming 1h
- PPT 8h
- Reading 1h

Summary

看世界 好肉体 酷灵魂 变有钱 万张碟 长见识

精力管理——为什么时常会感到很累？

做事情的时候，想要提高效率，可以从两个维度入手：一个是时间，一个是精力。我们都明白时不再来，也就是说时间是有限的，只能被分割或者调配，但精力是可开发、可恢复的。用适当的方法进行管理，是可以做到每天都充满精力的。所以，在24小时的有限时间里，学会提高精力尤为重要。

一开始我对于精力的理解，是在体能方面的消耗，经常觉得上了一天班后已经没有精力看书、运动、做饭等等，但站在"精力金字塔"上看，其实精力还要分好多层，远远不止表现在体能上。在《精力管理》一书中，作者吉姆·洛尔就告诉了我们一个"精力金字塔"原理，有四层，分别是体能、情感、思维、意志。越是在底层的，就越是最基础的，而且底层的精力会影响上层的精力，它们之间相互依存又相互独立。

精力管理金字塔

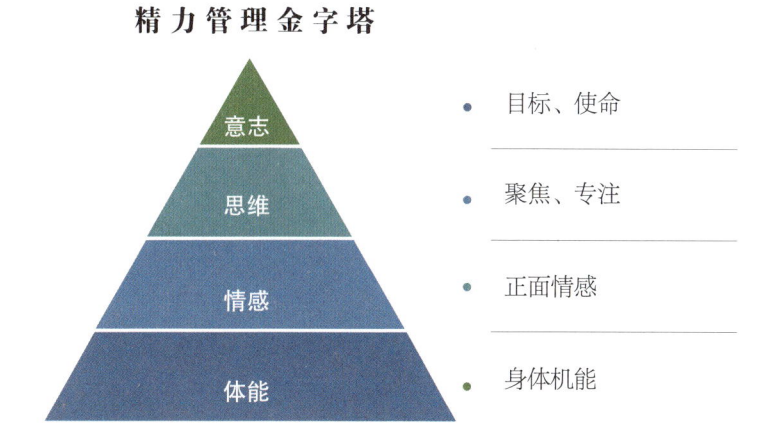

- 意志 —— 目标、使命
- 思维 —— 聚焦、专注
- 情感 —— 正面情感
- 体能 —— 身体机能

① 体能——情感：当身体感到不舒服时，心情也会不好，这是体能在影响情绪。

② 情感——思维：当情绪不好时，容易判断失误，这是情绪在影响思维。

③ 思维——意志：当思维较为清晰时，意志就会异常坚定，这是思维在影响意志。

我也无法逃脱"精力金字塔"的原理。当我感到疲惫的时候，心情就会变得烦躁，做决定会比平时更草率一些，没有办法对事物做出准确判断，更没有意志力去抵抗一些原本可以抵抗的诱惑。

我喜欢将每个人的身体比喻成一节电池，每天都需要不断地充电、消耗，再充电、再消耗。每天早上睡醒后，电量满满，经过一上午的工作和学习后，电量也就剩下一半了。这时就非常需要在中午午休时再充一阵子电，才有足够的电量来应对接下来的工作和生活。

我最常使用的"周期性补充精力法"就是"番茄闹钟工作法"。打开番茄闹钟App，将时间分割成工作25分钟，休息5分钟。若是需要工作1小时，就休息10分钟，以此类推。切勿等我们体内所有的电都耗尽后，才被迫停下来休息。有时候人在电量方面和手机很像，如果等到电量耗尽，就可能会死机，需要一定时间进行重启。长此以往，电池会越来越不耐用，人的体能也会逐渐下降。

所以，我一直督促自己在生活中避免做那个一次性耗完电的人。当意识到自己电量不足时，要主动寻求休息，可以睡觉，也可以补充饮食能量，这样才能让自己始终保持精力充沛的状态。时而紧张，时而松缓，张弛有度，才是平衡工作与生活最好的选择。

我在自己的手账本上也设置了关于精力管理方式的体系，很是奏效：

① 反思损耗精力的坏习惯；
② 将日常行为常规化，养成自己的精力习惯。

1.每月在手账本上写下反思损耗精力的坏习惯，并找到解决方案

哪些是损耗精力的坏习惯呢？在需要过多选择和忧虑时，就是在不断地损耗精力。

我个人是非常喜欢在手账上进行自我剖析的，我算是一个比较乐观、积极的人，通过记录日记，我能够很清楚地认识自己在生活中存在的几个损耗精力的坏习惯：

① 杞人忧天。总是在担心一些不好的事情发生，从而畏畏缩缩，不敢去做自己想做的事情。凡事都会往坏的结果去想，脑海里经常会出现"万一"两个字。

② 缺乏自信。缺乏自信做起事来难免吃力，会消耗精力。

③ 时常会钻牛角尖。如果一件事情做不好，脑海里就会一直想着这件事，很难从这个"鬼打墙"的圈子里走出来。

在我意识到自己有这三个极其损耗精力的坏习惯后，便创建了一个反思清单，将它们一一破除了。

首先，把担心的事情写在一张纸条上，丢到一个盒子里，忘记它。一个星期后，再拿出来看。如果担心的事情99%都没有出现，便大胆地去做自己想做的事情。其次，每天在手账上写一件今天做得很棒的事情，我把它叫作"Babe的逆袭史"。这其实有点类似"成功清单"，说到"成功"二字，总觉得很空很大，其实可以从一些非常小的事情开始积累自己的自信心，所以我就将它取名为"Babe的逆袭史"。听起来就像是一个很酷的清单，这是解决内耗的一种非常棒的方式。人大多数的内耗都是由于内心的不自信造成的，当自己的自信心慢慢建立起来后，情绪会高涨很多，内耗也会随之减少。

我准备了一个可随身携带的A6小本子，专门用来记录自己的"逆袭小事儿"，等到以后翻开来看，会有一种"我怎么这么棒"的感觉！虽说自信不应该建立在外在的条件上，但对于原本就比较自卑的人来说，这种方法在初期可以起到非常大的鼓励作用。这个"逆袭史"就像是一针强心剂，让我有了一定的勇气和力量。

当一件事情总是反复做不好时，我会暂停下来不去想，先去运动。在运动的过程中，清空脑子里纠结的内容，等稍后有精力时再从其他角度来思考这件事。

大概过了三个月，通过这三个锦囊，我慢慢化解了自己过度内耗的问题，不由得欣喜万分。

2.将日常行为常规化，养成精力习惯

我很喜欢作家村上春树。在《当我谈跑步时我谈些什么》这本书里有一段话让我印象深刻："清晨五点起床，晚上十点之前就寝，这样一种简素而规则的生活宣告开始。一日之中，身体机能最为活跃的时间因人而异，在我是清晨的几小时。在这段时间内集中精力完成重要的工作。随后的时间或是用于运动，或是处理杂务，打理那些不需高度集中精力的工作。日暮时分便优哉游哉，不再继续工作。或是听音乐，放松精神，尽量早点就寝。我大体依照这个模式度日，直至今天。拜其所赐，这二十年来工作顺利，效率甚高。"

在我看来，他就是将自己的日常行为常规化，到时间后，就开始让自己的大脑自动地执行某件事情，减少自己要选择的东西。这必定会让他省下很多的精力。

自从成为自由职业者以后，我也将自己一天的时间安排写在了手账本上。一般情况下我都会按照计划来行动，尽量不去打破它，因为我知道，任何需要由自控来要求自己做的行为举止，都需要消耗大量的精力。将自己的某些行为变成一种习惯后，却可以做到省时又省心。

当我能够在体能上保持充沛的活力，在情绪上乐观放松，在思维上自信积极，在意志力上笃定坚毅时，这样的正向循环便能让我成为一个精力旺盛的人。

学习管理——爱学习的人总是少数，还好你是万分之一

大学毕业进入职场后，由于工作、生活的忙碌而失去了许多学习的时间，即便如此，我每天还是会抽出两小时左右的时间来听课、阅读或观影。切换成自由职业后，最快乐的事情便是拥有了更多的时间用于学习。只不过学到的东西，需要用一个载体将它记录下来，这不仅对当下的我有帮助，也可以让我再回过头来审视自己过去学习的知识，是否能对未来有帮助。

使用了多年手账后，我建立起三个学习管理体系：课程手账、电影手账、读书手账。

1.课程手账——学习四分法

"学习四分法"的书写一共分为四个部分，分别是：

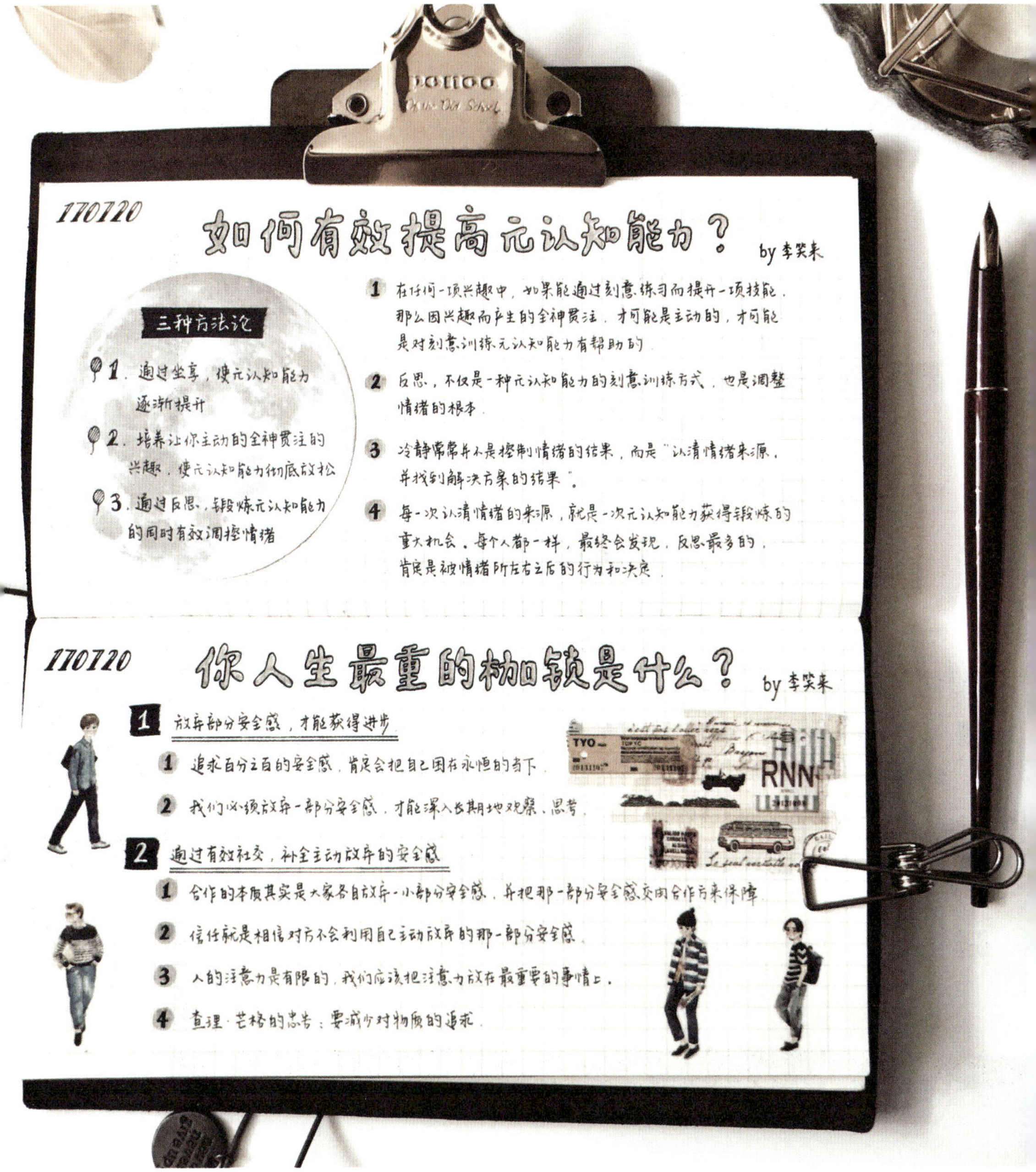

01 个人管理逆袭体系

170720 如何有效提高元认知能力？ by 李笑来

三种方法论

1. 通过坐享，使元认知能力逐渐提升
2. 培养让你主动的全神贯注的兴趣，使元认知能力彻底放松
3. 通过反思，锻炼元认知能力的同时有效调控情绪

1. 在任何一项兴趣中，如果能通过刻意练习而提升一项技能，那么因兴趣而产生的全神贯注，才可能是主动的，才可能是对刻意训练元认知能力有帮助的。
2. 反思，不仅是一种元认知能力的刻意训练方式，也是调整情绪的根本。
3. 冷静常常并不是控制情绪的结果，而是"认清情绪来源，并找到解决方案"的结果。
4. 每一次认清情绪的来源，就是一次元认知能力获得锻炼的重大机会。每个人都一样，最终会发现，反思最多的，肯定是被情绪所左右之后的行为和决定。

170720 你人生最重的枷锁是什么？ by 李笑来

1 放弃部分安全感，才能获得进步
1. 追求百分之百的安全感，肯定会把自己困在永恒的当下
2. 我们必须放弃一部分安全感，才能深入长期地观察、思考

2 通过有效社交，补全主动放弃的安全感
1. 合作的本质其实是大家各自放弃一小部分安全感，并把那一部分安全感交由合作方来保障
2. 信任就是相信对方不会利用自己主动放弃的那一部分安全感
3. 人的注意力是有限的，我们应该把注意力放在最重要的事情上
4. 查理·芒格的忠告：要减少对物质的追求

035

4. 洋葱卡片笔记法   by 彭小六

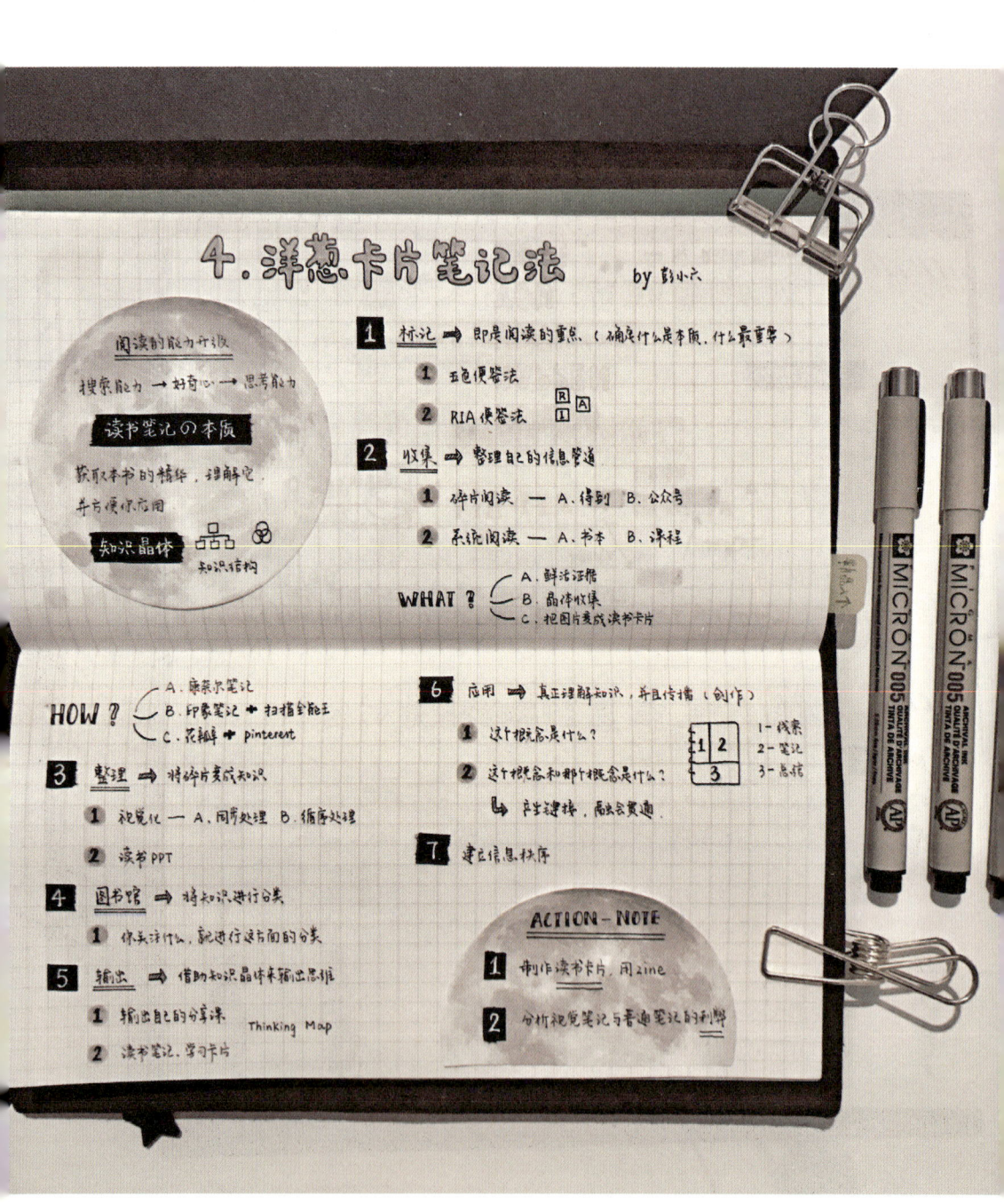

阅读的能力分级
搜索能力 → 好奇心 → 思考能力

读书笔记の本质
获取这本书的精华,理解它,并方便你应用
知识晶体 —— 知识结构

1 标记 → 即度阅读的重点。(确定什么是本质,什么最重要)
　① 五色便签法
　② RIA 便签法

2 收集 → 整理自己的信息管道
　① 碎片阅读 —— A. 待到 B. 公众号
　② 系统阅读 —— A. 书本 B. 课程

WHAT?
　A. 鲜活证据
　B. 晶体收集
　C. 把图片变成读书卡片

HOW?
　A. 康奈尔笔记
　B. 印象笔记 + 扫描全能王
　C. 花瓣 + pinterest

3 整理 → 将碎片变成知识
　① 视觉化 —— A. 同步处理 B. 循序处理
　② 读书 PPT

4 图书馆 → 将知识进行分类
　① 你关注什么,就进行这方面的分类

5 输出 → 借助知识晶体来输出思维
　① 输出自己的分享课 Thinking Map
　② 读书笔记,学习卡片

6 应用 → 真正理解知识,并且传播(创作)
　① 这个概念是什么?
　② 这个概念和哪个概念是什么?
　　↓ 产生链接,融会贯通
　1 — 线索
　2 — 笔记
　3 — 总结

7 建立信息秩序

ACTION - NOTE
　① 制作读书卡片,用 zine
　② 分析视觉笔记与普通笔记的利弊

① 课程标题——课程标题最好写大一些，方便翻阅时能够一眼看到所学的是哪门课程，也方便后期检索。

② 课程内容——上课的时候，比较重要的内容老师都会突出地讲一讲。不管是老师的板书还是PPT，基本上都是当堂课程的精华，最好记录下来，再记录一些自己对这些内容的独特理解。如此整个课程笔记就会特别饱满，回看笔记时就能想起老师讲述的课程内容了。

③ 反思总结——我习惯上完课后，根据老师讲的内容对比一下自己目前的思考和想法，看看哪些是我在以后的行为模式中可以进行改正的，哪些是可以就此保持的，综合起来再进行总结，以便形成以后生活的指导方针。

④ 行动清单——学习课程的目的，其实是为了让自己由内而外地变得更好，但知识即使记到本子上，也并非就是自己的了。如果想要让自己的生活有所改变，一定要行动起来。所以我会在自己的课程手账里写下能够立即行动起来的事情。

2.电影手账——写作灵感库

杨德昌说："电影发明以后，人类的生命比起以前延长了至少三倍。"

我是一个非常喜欢观看电影的人，有时候几乎是一天看一部电影。许多经典的电影，在一定程度上塑造了我的人生观、价值观，而且也让我学

让每一天都有迹可寻的手账指南

习到很多在生活中学习不到的东西。比如，在《霸王别姬》中，我学习到，做人要从一而终，"自个儿得成全自个儿"，自己想要的事情要学会努力争取；在《肖申克的救赎》中，我学习到，生活就是等待美好与希望，不管遇到什么事情，永远不要对生活失去信心；在《实习生》中，我学习到，不管年纪多大，也要保持学习，"做对的事情永远都是不会错的"。

看过这么多部电影，也想要将它们收录到自己的手账本上，于是我的手账体系中又有了一本电影手账。

我的电影手账的标配是：

① 影片封面——在写手账之前，到豆瓣App里搜索影片名字，将影片的封面保存下来，方便接下来的打印

和粘贴。

②影片简单的信息——电影信息是不可或缺的，可以自行在互联网上搜索，然后进行简单标注。比如国别、导演、上映年份等，可以挑选一些自己喜欢的记录下来。

③影片中较为喜欢的金句——电影中有些台词是非常触动人的，我习惯于将影片中最令自己有所感触或者颇为经典的话语记录到手账上。

我个人也习惯保存一些电影里的台词截图，这些对我的帮助也是很大的：一是在自己迷茫或者低落的时候，翻看电影里的励志话语，会备受鼓舞；二是方便后期运用在社交媒体上，比如写公众号文章和发微博时，都可以插入这些图片。保存好这些图片对我来说是保存了一个属于自己的"写作灵感库"。

3.阅读手账——页面五元素

我曾经在网络上看到这样一个回答，非常受触动。

问：我读过很多书，但后来大部分都忘记了，你说这样的阅读究竟有什么意义？

答：当我还是个孩子时，我吃过很多食物，现在已经记不起来吃过什么了。但可以肯定的是，它们中的一部分已经长成了我的骨头和肉。

PAUL
DANO

"THE F

UN

PRESS
On the Old School

AUDREY HEPBURN
GEORGE PEPPARD

DIAMANTS
SUR CANAPÉ

AUDREY
HEPBURN
BREAKFAST
AT TIFFANY'S

《人间失格》 太宰治

作者：太宰治

出版社：作家出版社

一句话感想：是对这个世界有多失望，才这么想要离开这里？

- 我想要什么时，我总是突然就什么都不想；对讨厌的事流不出讨厌，对喜欢的事也总是偷偷摸摸。我总是品尝着极为苦涩的滋味，因为难以名状的恐惧痛苦挣扎。

- 相互轻蔑却又彼此来往，并一起作贱——这就是世上所谓"朋友"的真面目。

- 日日重复同样的事，遵循着与昨日相同的惯例，若能避开猛烈的狂喜，自然也不会有悲痛的来袭。

- 胆小鬼连幸福都会害怕，碰到棉花都会受伤。有时还被幸福所伤。

- 我知道有人是爱我的，但我好像缺乏爱人的能力。

- 人啊，明明一点儿也不了解对方，错看对方，却视彼此为独一无二的挚友，一生不解对方的真性情，待一方撒手而去，还要为其哭泣，念诵悼词。

- 唯有尽力自持，方不致疯狂。

《傲慢与偏见》

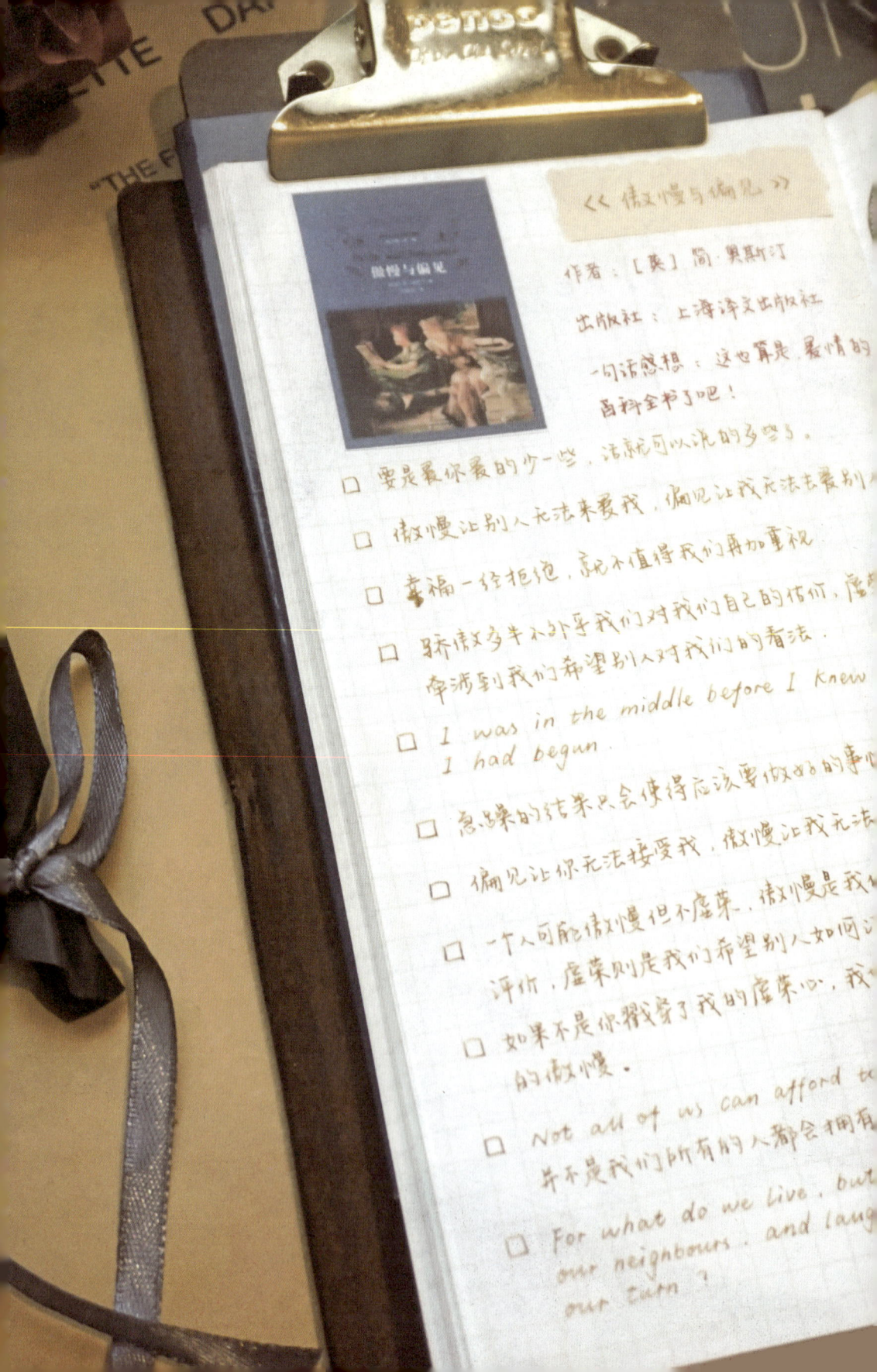

作者：[英] 简·奥斯汀

出版社：上海译文出版社

一句话感想：这也算是爱情的百科全书了吧！

- 要是爱你爱的少一些，话就可以说的多些了。
- 傲慢让别人无法来爱我，偏见让我无法去爱别人。
- 幸福一经拒绝，就不值得我们再加重视。
- 骄傲多半不外乎我们对我们自己的估价，虚荣牵涉到我们希望别人对我们的看法。
- I was in the middle before I knew I had begun.
- 急躁的结果只会使得应该要做的事情（做不好）
- 偏见让你无法接受我，傲慢让我无法（接受你）
- 一个人可能傲慢但不虚荣，傲慢是我们（对自己的）评价，虚荣则是我们希望别人如何评价（我们）。
- 如果不是你戳穿了我的虚荣心，我（就不会放下我）的傲慢。
- Not all of us can afford to (be romantic) 并不是我们所有的人都会拥有（浪漫）
- For what do we live, but (to make sport for) our neighbours, and laugh (at them in) our turn?

SIMMONS
DE DAMIEN
never never give up!
Ciao bella
№45
A day without laughter is a day wasted.
JOIE DE VIVRE
Ty-pog-ra-phy
DRAW OUTSIDE THE LINES
Write your story
A friend is a present you give yourself
INCORPORATED JUNE 1829
MASSACHUSETTS HORTICULTURAL SOCIETY
PASSEPORT A L'ETRANGER
20 Francs
Dear friend,

让每一天都有迹可寻的手账指南 ▲▼

Book 《当我谈跑步时
Author 我谈些什么》
村上春树

Rating ★★★☆
Date 2020.04.07

Reviews

真的很难想象，居然能有人能把在别人看来非常枯燥无味的事情，二十年如一日地坚持下来，而我也很幸运，在5年前就看过了这本书，从而开启了自己的跑步生涯，但很可惜，我并没有把跑步这件事坚持下去。但这次想重新捡起来。

不要害怕再一次从零开始，这也是另一种体验。加油！

Quotes & Notes

- 不管全世界的人怎么说，我都认为自己的感受才是正确的。无论别人怎么看，绝不打乱自己的节奏。喜欢的事情自然可以坚持，不喜欢怎么也长久不了。
- 违背了自己定下的原则，哪怕只有一次，以后就将要背更多的原则
- 我是那种喜欢独处的性情，或说是那种不太以独处为苦的性情。每一天有一两小时跟谁都不交谈，独自跑步也罢，写文章也罢，我都不感到无聊。
- 但凡值得一做的事情，自有值得去做甚至做过头的价值
- 今天不想跑，所以去跑，这才是长距离跑者的思维方式
- 痛苦不可避免，但可以选择是否痛苦
- 别人大概怎么都可以搪塞，自己的心灵却无法蒙混过关

我想，年轻的时候姑且不论，人生中总有一个先后顺序，也就是如何依序安排时间和能量。到一定的年龄之前，如果不在心中制订好这样的规划，人生就会失去焦点，变得张弛失当。

清晨五点起床，晚上十点前就寝，这样一种简素而规则的生活宣告开始。一日之中，身体和能力最为活跃的时间因人而异。在我是清晨的几小时。在这段时间内集中精力完成重要的工作。随后的时间或是用于运动，或是处理杂务，打理那些不需高度集中精力完成重要的工作。日暮时分便优哉游哉，不再继续工作。或是读书或是听音乐，放松精神，尽量早点就寝。我大体依照这个模式度日直至今日。拜其所赐，这二十来年工作顺利，效率甚高。

我就是我，不是别人，这于我乃是一项重要资产。心灵所受的伤，便是人为这种自主性而不得不支付给世界的代价。

毛姆写道："任何一把剃刀都自有其哲学。"

penco
CLAMPY
BINDING
PLA-CLIP
SARASA
Book 《飘》
7
Author 玛格丽特·米切尔
飘
Gone With The Wind
Rating ★★★★★
Date 2020.04.08
Reviews
很佩服思嘉，永远都那么充满生命力地生存着，她身上的那种自信，或许是我在很多年以后都无法做到的。我行我素，质疑权威，挑战所谓的传统。
或许这部小说也记录了一个女孩的人生，每一刻的我们都在变，但永远要记住：Tomorrow is another day! forever.
1
2
3
4
5
6
Quotes & Notes
我们俩真可说是天生一对，因为你和我一样，为人冷酷，贪婪而又无所顾忌。在所有认识你的人中，只有我在看清了你的真实面目后还会爱你。我爱上了你，因为我想碰碰运气。
她抬起下巴，长着一圈黑睫毛的淡绿色眼睛在月光下亮晶晶的闪烁着。埃伦从来没有告诉过她，欲望和实现欲望是两码事；生活也没有交给她那个道理，那就是脚快的未必取胜。
她躺在银色的月影中，心里充满了膨胀的勇气，暗暗绘制着自己的计划，那是一个十六岁的姑娘所能绘制的计划，处在人生那段时光，生命无比美好，失败是不可能的，美丽的裙子和漂亮的脸蛋，就是足以征服命运的武器。
世上没有什么东西能拿我们怎么样，可是我们自己要老想恢复失去的东西，老想着东西过去，就会毁了我们自己。
他知道，她是以生活的本来面目去对待生活的，不管会有什么障碍，她都会用坚强的意志去面对它们，下定决心不服输，一直奋斗着，即使在看到失败已经不可避免的情况下，她也还是会勇往直前地奋斗到底。
生活毫无希望，当然就不值得过下去。
我们对不可避免的事低头认输，我们不是麦子，我们是荞麦！暴风雨到来的时候，它可以把成熟的麦子刮倒，因为麦子是干的，不能顺着风弯曲。可是，成熟的荞麦里面有汁液，可以弯曲。暴风雨一过，它又会挺起身来，几乎就像过去一样挺直，一样强健。
有麻烦的时候，我们连争也不争，便向不可避免的事低头，而且继续干活，微笑着等待时机。我们和较弱小的人合作，从他们那获得我们能够得到的东西。而当我们强大起来的时候我们就一脚把那些我们踏着他们的肩膀爬上来的人踢开。
Kuretake
Coloring Brush Pen
Water based, dyestuff ink

我们读过的书其实早就成了我们大脑中的一部分，影响着我们的行为举止，阅读是一件令人放松且让人内心丰盈的事情。

阅读手账的标配是页面五元素，顾名思义就是有五个部分：

① 书名和书封——和电影手账一样，我会在豆瓣App上搜索到这本书，并把书的封面保存、打印出来，粘贴到我的阅读手账页面上，写上书名。

② 关于书的简单信息——比如这本书的作者、出版社、国别等，挑选自己喜欢的进行记录就可以。

③ 一句话介绍——看完书以后，我有这样的一个习惯：对这本书做一个总结，用一句话来介绍这本书讲的是什么内容，比如要用一句话把这本书介绍给自己的好朋友看。这样其实也可以锻炼自己的表达能力以及高度的总结能力，因为在阅读时，充分地理解整本书想要表达的中心思想，也是阅读的根本意义。

④ 全句摘抄——我认为摘抄的意义在于便于记忆和加深对这本书的理解，也便于留存和检阅。

⑤ 读书感想——看完整本书以后，一定要和自己现有的知识体系产生一些连接。比如在你看书之前的想法是A，看完书以后接触到了一个新想法为B，如何将A和B交织融合在一起，需要通过文字将它表达出来，才能够进一步强化它对我们的启发作用。一定要写一写简单的感想，哪怕那些感想在以后看来可能有点稚嫩，但也是当下阅读完这本书时产生的化学反应。唯有记录才能够留下当时最本真的思考。

三毛说:"学问是一张网,必须一个结一个结地连起来,不要有太大的破洞才能网到大鱼。而学问的基础,事实上在我们进入小学、初中的这几个阶段中,都渐渐在向下扎根,每一个阶段都是一个又一个渔网的结,缺了一个结,便不再牢固。基础是重要的东西,没有根基的人,将来走任何一条路都比那些基础深厚的人来得辛苦和单薄。"

不管是在哪个阶段,学问这个网都是需要用心扎实地绑好的。不管你现在在何地,在做何事,身处任何起点,只要愿意踏踏实实地学习和记录,就不会害怕走任何一条路。

情绪管理——情绪是保持自律的一剂良药

情绪引导着我们的行为，也影响着我们的心态。当情绪高昂时，平时觉得颇有困难的事情，也会发挥主观能动性去完成它，而且常常会事半功倍。但当自己情绪低落时，即使有许多必须要做的简单的事情，也会进展不佳。

拥有积极乐观的情绪是极其重要的。为了让自己时常保持稳定积极的状态，我设置了一个关于情绪的管理体系。以下是给不开心的自己提供的三个"开心锦囊"。

1.找到自己的支持系统，多与积极思考、乐观的人沟通

选择把自己珍贵的时间花在懂得欣赏和珍惜自己的人身上，与支持自己的人建立联系会让我们变得快乐，也会让我们觉得自己的时间很有价

值。人与人相处时，彼此身上的能量是相互流动的，一些时常感到快乐，对人生抱有积极乐观心态的人对我们的心态会有正向的影响。

2.找到让你放松和快乐的爱好

汪曾祺先生在《人之所以为人》中曾说："人总要呆在一种什么东西里，沉溺其中。苟有所得，才能证实自己的存在，切实地掂出自己的价值。人总要有点东西，活着才有意义。人总要把自己生命的精华都调动出来，倾力一搏，像干将、莫邪一样，把自己炼进自己的剑里，这，才叫活着。"

每当我沉浸在自己热爱的事情中时，大多时候都感受不到时间的流逝，全身心都感到快乐和放松。而这些事情在生活中其实并不难找，比如写字、画画、阅读、写作等。这些爱好都能够让我们始终保持积极的情绪，快乐自信地去面对生活中的一切事情。

3.每天将情绪记录到情绪清单中

避免让自己成为一个被情绪左右的人，尝试将自己的情绪用文字记录到本子上，作为一个宣泄的出口，并时常进行自我分析。

我设置的情绪清单分为两个小部分：积极和消极。每天晚上睡觉前，可以回想一下当天发生了什么事情，让你产生了怎样的情绪。大概描述一下这种情绪积极或消极的程度。

让每一天都有迹可寻的手账指南

EMOTIONAL LIST　　E

心情是保持生活和工作高效的重要利器！
keep optimistic, lost a pessimistic

positive

弟弟来我们家玩啦！	Happy
可以去上SP啦！	Excited
和大部队骑车	Happy
与手帐小伙伴聚会	Happy
superwriter 课程	Amazing
学习非常多干货	Excited
狼人杀胜利逆胜	Happy
作品被肯定	Happy
可以和小二一起去FT	Happy
手帐一周年完美举行	Happy
大半夜去外滩玩	Excited
与弟弟小二一起吃晚乡	Happy
和小二一起看《1988》	Happiness

negative

无法去FT分享	Guilt
小二的谈话	Sad
某发事件	Sad
Family	Sad

SUMMARY

♡ 第一次和大部队一起去上海工作+玩耍，记忆好深刻哦！真的在工作上遇到一群志同道合的人，也太幸运了。

♡ 但因为行程问题，暂时无法去FT分享，还是有些小内疚。等过一阵子有机会再补上吧！

♡ 其实快乐并不难，只要保持足够低的快乐沸点，就会有快乐的人生咯！

153

050

01 个人管理逆袭体系

EMOTIONAL LIST

positive ☀

1. 5.1与小二人世界再精进
2. 周五下班与挚友的开杂
3. 周末和挚挚哪么、吃烧烤
4. 在家写3天的 brush letting
5. 开解朗润小迷友的小心结
6. 回家和家人吃饭
7. 与小二一起出门见 suki.润
8. 一起鸭谈租据点计划
9. 开会策划8时东京游
10. 第一次学滑板
11. 教弟弟学滑板鞋
12. 和小二在茶馆学习
13. 与朋友们上音
14. 聊摔视频

Negative 💨

NOPE

好的心情才能有好的
人生记忆。

happy weekend

情绪有时候会比大脑先行，将情绪用文字显示出来的意义在于，除了可以让自己看到自己情绪的变化，也可以供自己在平时分析自己在何种情况下会保持积极情绪，在何种情况下会产生消极情绪，然后尽量避免或者想办法解决会让自己产生消极情绪的情况。

比如说，当我被人忽略时，会感到沮丧和难过。那么我就会思考一下，为什么我会需要别人关注我？进一步分析，是否因为自己不够自信，导致我过于在意他人对自己的感受？一旦意识到这个情绪的本质问题，我们就可以针对这个本质问题对症下药。比如解决不自信的问题，可以适当调节情绪，学会接纳自己的不完美，学会欣赏鼓励自己。

当我写下的积极情绪越多时，我会越注重如何停止和化解我的消极情绪。当消极情绪渐渐减少，我整个人便逐渐变得乐观和自信起来。当我翻阅自己一个月的情绪清单，发现90%以上都是积极情绪时，我会产生满满的满足感，由此又更加笃定地继续在生活中前行。积极向上的情绪，就像一剂良药，把"不开心"的消极情绪扼杀在摇篮里，从而更好地帮助我保持自律。

梦想管理——人如果没有梦想，跟咸鱼有什么区别？

我曾经在日记中和自己对话："你觉得什么时候，生活是有光的？"我写了个很简短的回答："为自己的梦想努力的时候，就会感觉沉闷的生活里有了光。"大概是希望自己的生活可以闪烁出星星点点的微光，所以此刻的我也依旧为自己的梦想努力着，每一次拥有一个梦想时，就会有一种无限期待的感觉，就像"原本看不到尽头的乏味生活，突然出现了更迷人和更广阔的世界，等着自己去探索"。

当然，想要看到梦想中的风景，在拥挤的半山腰是看不到的，得一步步爬到山顶。

一生很长，想要实现的梦想也很多。对于未实现的目标，我希望自己可以全力以赴地去实现它；对于已经实现的目标，我希望可以将它记录下来，作为自己每个人生阶段的纪念。每一个目标的实现，对我的人生都有着不一样的意义。所以我尝试将自己的梦想进行视觉化，让梦想看得见。保持持续心动的感觉，也就保持了持续追逐梦想的动力，这个视觉化的方式一共有两个，分别是制作"梦想愿景板"和记录"遗愿清单"。

1.梦想愿景板

梦想愿景板的制作方法其实不复杂，只要三步就能够获得一个令人心动的愿景板。

① 可以购买一些过期杂志；

② 在翻阅杂志时，挑选一些令自己怦然心动的画面或者语句剪下来，如自己想去的城市的照片，想要健身达成的如模特般的身材，以及鼓励自己的话语等；

③ 准备好一张白纸，按照自己的喜好进行排版粘贴。

自从2018年接触第一个梦想愿景板，之后的两年我都在前一年的12月底，与朋友相约一起完成新一年的梦想愿景板。等到年终复盘时，我惊讶地发现，在愿景板上贴着的许多梦想都一点点实现了，我从来也不曾想过将梦想显化的力量可以如此强大。

2019年

2020年

2.遗愿清单

除了这个看起来比较宏观的梦想愿景板外,我还会用一本"遗愿清单"来帮助自己进行梦想管理。这其实是《遗愿清单》这部经典电影给我带来的灵感。想想在自己生命临近终结时,还有什么事情没有做会让自己感到遗憾呢?

我把自己有生之年中大大小小的梦想都写进这本"遗愿清单"。每隔

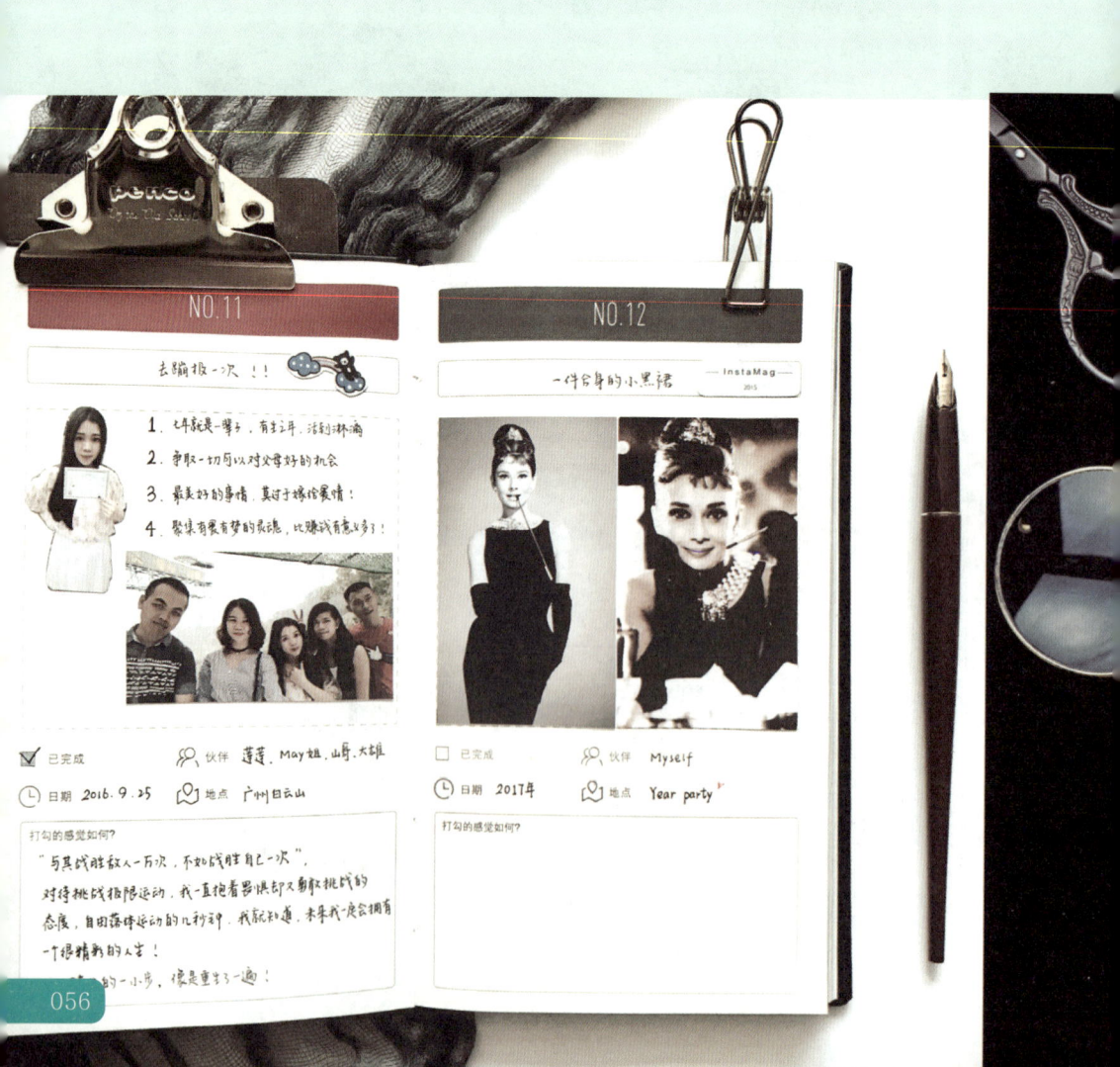

一段时间就打开来看看，提醒自己还有梦要追，还有高山要登，一定要保持冲劲和活力，不要被平凡的生活给磨灭了心智。

每写一个梦想都让自己充满了期待，每完成一个梦想都能让自己感到热血沸腾。

每当我翻开这本"遗愿清单"，都会感恩当初那个敢于做梦、敢于行动的自己。所以，我也很希望未来的自己，不管前方的路是否铺满了荆棘，仍能执着于理想，纯粹于当下。

成长路径——高效的自我成长不可缺少的步骤

成为更好的自己，是我在每一个不同的阶段都想要努力达到的目标。这个"更好的自己"，对我来说是拥有真正自由的心灵和真正自在的生活。

山本耀司曾说："'自己'这个东西是看不见的，撞上一些别的什么，反弹回来，才会了解'自己'。"在成长过程中，我们免不了要碰上一些很强、很可怕、水准很高的东西，但如果碰上了以后就惊慌失措撒腿就跑，抑或碰上厉害的东西后毫无察觉，任由这个世界推着自己走，都是无益于自我成长的。如果想要了解"自己"，一定要基于最起码的事实，而事实离不开观察和记录。在观察的过程中不停止反思和总结，才能够在经验中看到真实的自我。

自我成长最快的这几年，我得益于一直坚持做的这三件事情：诚实记录，坚持分享，持续迭代。

① 每次在学习的时候，用手账本记录学习到的知识点。

这个可以通过知识点的特性来进行分类，但不一定要将所有不同种类的知识点都记录到不同的本子上。有时候我会把知识点整合到相对灵活的本子上，但由于我不是太热衷于活页本，所以选择的是可以放很多本内页的Travel's Notebook，既方便携带，也可供自己在日后时常翻开回顾。

② 结合自己的经历和具体心得。

在社交媒体上分享出去，可以是公众号、朋友圈、微博，或者是在课程上分享，所谓"教是最好的学"。在分享的过程中，加深知识点在大脑中的印象，方便自己更好地查漏补缺。学以致用，是内化的根本。

③ 学习无止境。

即使在一个领域中已经做到中上游，也不能沾沾自喜，依旧要保持谦虚的心态去学习一些新的知识点。最好可以进行跨学科的学习，以此来帮助自己迭代现有的知识体系，丰富自己在生活和工作中的解题思路。

我所理解的知识体系，是指我们在许多年的学习中，所收获的知识点的整个有序集合体。它的根基是大量的知识点，由此才能够建立起自己的知识体系。阅读学习的愈多，知识体系就愈加庞大，所以我们要保持不断地输入。但知识体系绝对不是一个静止的体系，如果我们想要获得成长，就要对知识体系进行不断的迭代和完善。大脑里必须有新的知识进来，再将那些过时的、不好的知识淘汰掉，才能够有效维持思维上的生机。

古典老师曾经在《你的生命有什么可能》这本书中提到"能力三核"这个概念。在我们整个人生的生涯规划中，能力一般包括三个核心部分，分别是：知识、技能和才干。

知识，是指经过深思熟虑、处理过的或系统化的事实、信息等，是构成人类智慧的最根本的因素。知识的特点是迁移性比较差，不同领域的知识很难交叉应用。比如一个人拥有化学知识，对拥有文学知识的人来说，可以合作的价值就比较低。

技能，是指个体运用已有的知识经验，通过练习而形成的一定的动作方式或智力活动方式。简而言之，是指一种掌握并能运用专门技术的能力，它可以通过个体的经验进行累加。

才干，是指不同类活动中表现出来的能力，如想象力、记忆力、观察力、亲和力、学习能力等。才干其实是一种无法非常具象的东西，但它在能力三核中占据顶端位置，因为它可以迁移到任何一个领域中。一个拥有超强学习能力的人，往往可以更快、更好地掌握更多的专业知识和技能。

总的来说，想要提升自己的各方面能力，首先要找到适合自己的路径，再对这个路径反复打磨，最后逐渐成为自己想要成为的人。

那么如何才能学得更快呢？

1.知识的学习途径：获取信息—自我吸收—复盘总结

获取信息的途径多种多样，最常见的是从书本、课堂或经验中进行获取，但在互联网时代，网上充斥着海量信息，且信息来源参差不齐，就需要对这些信息进行过滤，去除一些对自己没有帮助的内容，这样才是比较有效的吸收。

每当听完一门课程，我都会记录老师在课堂上教授的知识点，同时针对自身的情况，对这些知识点进行总结和巩固。拥有扎实的基础以后，还可以进一步思考："如果这门课程是我来讲，我该如何讲？"以这个问题为出发点，发散自己的思维，与我们大脑原本拥有的知识体系进行融合交汇。

2.技能的提高途径：掌握高手的"套路"，并反复刻意练习

在学习不同技能的过程中，我都会尝试向这个领域中的高手们请教，然后总结出一套属于自己的"方法论"。通过"方法论"和"刻意练习"这两点进行技能提升。

3.才干的提高方式：自我察觉+他人的有效反馈

才干是一种无法具象的东西，但我们可以尝试从两个维度去判断自己是否拥有才干。

第一个维度是进行自我察觉，这也是了解自己的过程。我们会在不同的实践中大概了解到自己的学习能力、演讲能力、观察能力等。能够知道自己擅长哪一方面，而哪一方面的能力比较欠缺，可以适当地进行学习提升。

第二个维度是来自他人的有效反馈。在自我认识的过程中，时常会出现自我认识的偏差。比如有些人会对自己盲目自信，有人则会过度自卑，这些都不利于个人才干的提升。

在成长的路上会遇到很多的挫折，只有把路径确定下来，借助有效工具让资源最大化，才能够让自己的成长速度更快。

阿尔贝·加缪有一句非常著名的话："一切伟大的行动和思想，都有一个微不足道的开始。"在推翻多米诺骨牌的那一瞬间，常常只需要推倒第一张牌，就能完成后续的伟大任务。只有始终抱持这样的信念，才能改写自己的人生故事。现在，不如来尝试一下吧。

02

高效管理学习体系

学习动力：三大方法帮你找到学习动力

如果让我说出关于自我蜕变的终极密钥，答案只有一个：学习。持续学习的重要性不仅体现在个人的成长中，还体现在整个人类社会的进步中。远观历史，人类之所以能够进步和成长，就是因为人类具有学习能力。因为懂得主动坚持学习，无论社会怎样变革，都能够在自己的人生赛道上越跑越远。

许多人在年少时没有意识到学习的重要性，踏入社会后又需要面对琐碎的工作，对学习渐渐失去了耐心和兴趣；每天不是疲于奔命，就是安逸地待在自己的舒适区里，过着温水煮青蛙的日子，害怕挑战新的知识。

遇见手账以后，我发现这个世界还有太多不曾接触过的知识，想要去探索。所以，在成长的路上，我给自己提出了两个小小的要求。

一是希望自己可以永葆对知识的好奇心，保持不断的成长性；二是认真保持自律，因为自律即自由。

哈佛前校长鲁登斯坦说："从来没有一个时代，像今天这样需要不断地、随时随地地、快速高效地学习。"

随着互联网的高速发展，如今的社会有了很大的进步：过去，一个人80%的知识是在学校学习阶段获得的，剩下的20%则是来自工作阶段的经验积累。但现在完全相反，在学校这个象牙塔中学习到的知识，或许只占据我们全部学习生涯中的20%，而80%的知识则需要我们在漫长的一生中，通过不断的学习和实践才能够获得。由此可以很明确地看到，那种在学校学习到的知识就能受用终身的时代，已经一去不复返了。

想要在当今这个世界生存下去，学习能力是一项不可或缺的基本能力。在这个信息爆炸的时代，快速持续地学习新事物的能力，是让我们持续自我提升的超能力。除此之外，学习力的本质是竞争力。不管是在校园中，还是在职场中，如果我们能够以最快的速度、最短的时间学到新知识，获得新信息，就是我们独一无二的竞争力。

我以前认为"学习力"是一种接近天赋的东西，从小时候到长大后的学习表现，大致能够显示出自己的学习力水平到底如何。我便自然而然地认为，如果小时候学习不太好，成年以后就更加没有办法学好了，但其实是自己的思维受限了。

等我真正理解了"学习力"这个能力模型后，才发现自己的潜力非常大。许多事情只要你愿意去学习，遵循一定的方法，一定能够让你的人生变得与众不同。

关于"学习力"一词，最早是由美国教授福瑞斯特（Jay Forreste）于1965年提出的。当前国内外研究对"学习力"的定义，大多指向一个人的学习动力、学习毅力、学习能力和学习创新力的总和，同时它也是人们获取知识、分享知识、运用知识和创造知识的能力。但经过几年的探索和实践，我发现"学习创造力"，也就是再创造知识的能力，在一两年内想要大幅度提升是比较难的，这需要贯穿我们的整个人生进行试验和探索。

如果希望在一两年内就能够培养出自己的"学习力"，可以主要针对前三个要素——即"学习动力、学习毅力、学习能力"进行刻意练习。在一定程度上，学习力是否强大，取决于一个人对于知识及信息的高效提取、整合、转化、运用的能力。具备了以上几种能力，就相当于具备了解决问题所需的核心素质。

简单地说，如果一个人拥有比较强的学习力，其实不只是指学习成绩，还是这个人的学习动力、毅力和能力的综合体现。

学习力的三要素是怎么被定义的呢？

学习动力　学习能力
学习力
应学　也许能学
学习毅力

① 学习动力，是指个人自觉的内在驱动力，主要包括个人的学习需要、学习情感和学习兴趣。

② 学习毅力，即个人的学习意志，是指在学习的过程中，能够自觉地确定目标，并勇敢克服困难的状态。

③ 学习能力，是指对知识的获取、整合加工，以及将知识

付诸实践的自主学习和合作探究能力。

这三个要素的关系是：学习动力是基础，学习毅力是保障，学习能力是方法。学习力是这三个要素的交集。只有同时具备了三个要素，才能拥有真正的学习力。

学习动力是最亟待解决的一个问题，也是最重要的因素之一。很多人不是学不会，只是因为不想学，没有意愿学习，也不知道自己学习的目的到底是什么。想要找到自己的学习动力，就意味着要保持开放的心态，同时还要学会赋予这件事情重要的意义，以及学会检测自己的内在驱动力。

理解了"学习力"模型，如果发现自己的学习力总是上不去，就需要在这三个要素里面找到问题和原因。如果发现自己比较缺乏学习动力，这时候可以用以下三个"锦囊"来帮助你重新找到学习动力。

1.保持开放性心态

心智模式（Mental Model）是苏格兰心理学家肯尼思·克雷克（Kenneth Craik）在1943年首次提出的。心智模式又叫心智模型，是指深植我们心中的关于我们自己、他人、组织及周围世界每个层面的假设、形象和故事，并深受习惯思维、定势思维和已有知识的局限。简单来说，心智模式会根深蒂固地存在于人们心中，它能让我们对不同事物有不同的解读，产生不同的情绪。

心智模式有两种思维：

① 成长型思维：拥有这类思维的人，认为自己的能力可以在挑战中不断地提高。面对问题和困难时都愿意积极挑战，会把过往的失败当作成功的垫脚石，并且带着开放的心态去解决问题。

② 固定型思维：拥有固定型思维的人，习惯于给自己设限，不太愿意探索外界，并有一定的畏难心理。时常将失败的原因归结于外界，总是会被外界的批评和表扬所影响。

斯坦福大学心理学教授卡罗尔·德韦克（Carol Dweck）首次提出成长型思维模式与固定型思维模式的概念。

"拥有成长型思维模式的人，更容易取得非凡成就。"她认为，具有成长型思维的人，做事时会更关注自己是否处于发展的状态，而不是结果。这类人会认为自己的能力可以在挑战中逐渐地提高，奇妙的是，这种思维方式大大增加了他们成功的可能性；而固定型思维模式的人，习惯把思维局限在一个狭窄的范围，认为智商等能力与水平是天生的，不愿意去做与自身能力有差距的事。由此一来，也就造就了两种完全不同的人生走向。

我们要学会保持开放性心态，从故步自封的固定型思维模式向"发展自我"的成长型思维模式发展。不同的思维模式，会影响我们的学习潜力，更重要的是，会影响我们的信心。

保持开放性心态，意味着要学习别人的优点，尤其要直面别人的一些建设性的批评意见。有时候一些负面评论更容易让人成长，但保持开放性心态不是说我们要全盘接受别人的意见，我们不可以一直活在别人的言语里。所以，一定要学会辨别哪些是有效的建议，哪些是无效的意见，掌握好听取建议的度。

2.赋予事情重大的意义

赋予事情重大的意义，是指在准备做事情的时候就将未来的好处具体化。

小学时代我的学习动力很强，因为爸妈时常会跟我说："如果在考试中获得了理想的成绩，你就能够得到想要的礼物。"为了能够得到这些具体化的好处，我铆足了劲学习，对那个阶段的我来说，这些好处是有着非常重大的意义的。

大学毕业后，我在学校的附近与研友合租了一间卧室，每天到图书馆学习的时间都会超过13个小时，就这样坚持了半年有余。这是因为我为"考上这所学校"赋予了非常重大的意义——它可以帮助我打开梦想的大门，改变我未来的人生走向。为了实现这个具有重大意义的目标，对我来说每天坚持学习就是一件非常快乐的事情，而不觉得是苦哈哈的坚持。虽然最后只差了几分没考上，但我也深感这段时光没有被辜负。它确确实实地改变了我对学习的看法，我从中看到了自己为梦想努力的模样，慢慢地我也不再妄自菲薄了。

这个方法简单却很有效，尤其对于在一定时间内需要完成一件看似比较难，但努努力又能够完成的事情特别有帮助，可以让我在这段时间内保持满满的学习动力。

3.内在驱动力表格

如果我们要将一件事情长期地做下去,就不能只是依靠外在的激励,而需要转向发展自己的内在驱动力。

《驱动力》一书的作者丹尼尔·平克认为:"每个人都可以拥有内在的驱动力,是可以通过后天习得的。"内在驱动力可以通过在这三个方面的持续锻炼来习得,分别是:自主性、精通程度、目的性。

① 自主性

自己能够决定每天的学习时间、内容及强度等。

学习内在驱动力强的人,常常在学习中能意识到自己不仅仅是在学习知识,还会把自己当成一个在知识海洋里探索的探险家,对未来要学习的知识充满好奇心。能够按照自己的节奏去学习,有着比较强的自我管理能力,不被外界的干扰打乱节奏。

② 精通程度

我们的大脑非常喜欢精通某种事情的感觉。

越是做得好的事,我们就越喜欢做。反过来想,有些时候我们不喜欢做一件事情,很有可能是因为这件事情不是我们擅长的。内在驱动力较强的人,总是相信自己有能力学好,并且会认真付出时间和精力去实现这个结果。在投入精力的过程中,还会产生一种心流的状态,一点点进步直至接近精通的所有过程,都能够让自己感到越来越兴奋。

③ 目的性

目的性是我们做一件事情最直接的出发点。

内在驱动力较强的人，会将目的性放在实现人生价值上，而非只是外在的物质实现上。如果一开始的目的性较弱，也可以先从最直接的能够让自己有"即时获得感"的目的出发，让自己尝试坚持一段时间。

为了追踪自己的内在驱动力，我给自己制作了这样一张内在驱动力表格，在开始学习时，我就在手账上简单地制作了这个表格，以便更好地跟踪自己的学习情况。

三个阶段 \ 三个因素	自主性	精通程度	目的性	总分
第一阶段	3	3	5	11
第二阶段	7	6	8	21
第三阶段	8	8	10	26

表格横列由三个因素组成，分别是：自主性、精通程度和目的性。

纵列由三个阶段组成，分别是：开始学习时、学习过程中和学习临近结束时。

在画好整个表格以后，就可以分别依据自己所在的不同阶段进行客观评分，但不需要过于精准。每一个因素的总分是10分，只需要你依据对自己目前所掌握的水平进行打分即可。比如，在刚开始学习的阶段，目的性可能会稍微强一点儿，自主性和精通程度可能会相对弱一些，所以分数也会相对弱一些。

评分的目的是，用最直接的数字量化自己目前内在驱动力的水平，一定要先知道自己在什么样的位置，如此才能够更好地找到路径往前走。如果分数低于总分30分的一半，就说明这三个要素都要进行提升；如果发现哪个分数比较低，就要在那个要素中针对性地寻找一些原因且不断地找寻方法进行提高。所以，需要在总分后面加上一个"原因"分析，这样才能够真正明白为什么这个评分会比较低，那个评分会相对高一些，找出病因，才能够对症下药。比如，在精通程度上可以通过不断的练习来达到；在自主性中可以做一个适合自己的学习计划，并实验几周；在目的性方面可以找到要学习这门学科最直接的动力，并不断强化它。这样才能够不断地提升个人的内在驱动力。

在学习雅思的过程中，我也在内在驱动力表格上做了记录：

三个因素 三个阶段	自主性	精通程度	目的性	总分	原因分析
第一阶段	4	3	7	14	4年多未专心学英语，精通程度低，需要进行高强度、密集型的学习
第二阶段	7	6	9	22	每天花5~8个小时进行学习，熟练度有所提升
第三阶段	9	9	10	28	考试冲刺阶段，一切以考试为主

一般是在开始学习之前，就要在手账本上画好这个内在驱动力的表格。在第一阶段时会先打一次分，按照对自己的大致了解进行评分即可。我发现在刚开始学习时，给自己的评分是低于15分的，而且自主性和精通程度这两个要素分数偏低，所以我就明确地知道自己要在这两个要素上下功夫。但因为总分太低，所以也需要全方位进行调整，让自己的内在驱动力不断提升。

因为当时给自己的复习时间是90天，所以每过30天我就对这些要素再次进行评估。比如说，我在学习的过程中找到了提升效率的方法和适合自己学习的时间段，所以自主性不断地提高；每天学习5~8小时，我的精通程度也慢慢变强了；而且当我开始掌握学习这门学科的诀窍时，就会自发地喜欢它。

最后是在冲刺的第三阶段。

这个阶段再进行一次自我评分，会比上一个阶段掌握得更好些，或许你会惊讶地发现自己已经能够对这门学科驾轻就熟了。当然，这是比较理想的状态，有时候也有可能在这个阶段，因为某些原因没有坚持下去，导致又退步了。那就可以针对自己的情况，再追加一个阶段，直到能够让内在驱动力提升到较强的地步，这样才能够像拥有小马达一样拥有学习动力。

学习能力：跨越学霸与学渣之间的鸿沟

据研究表明，在这个世界上，大部分人的智力水平其实相差无几，但学习力大相径庭。造成这种差异的原因是我们的学习方法、学习习惯等可控因素。

时常会收到一些私信这样说："老师，我觉得自己每天学习都很努力，课后经常留下来完成作业，也经常刷很多的题，但学习成绩还是提不上去。想到这里就好想放弃学习，因为太有挫败感了。"其实这是很典型的学习方法用错了的缘故。在学习方法没有掌握好的前提下，无论自己花了多少时间在学习上面，都可能是事倍功半的。想要自己的回报与努力成正比，就必须找到提升学习效率的方法。因为提升效率不在于将所有的精力都耗在上面，而在于懂得应该如何为此付出努力。

还有一种原因更戳人心，就是用学习勤奋这件事情来换取自己的心安理得，其实这是典型的"用战术上的勤奋来掩盖战略上的懒惰"。古语有云，"磨刀不误砍柴工"，在砍柴之前，必须把刀磨得足够锋利，才能够做到事半功倍。许多研究表明，学渣与学霸之间最大的鸿沟，并不是智力问题，而是学习能力的问题；而掌握学习能力，其实就是要熟练地掌握如何学习的思维模型，也就是高效学习的方法。

那如何快速找到适合自己的学习方法呢？我一般会使用下面这两种模型，并结合手账一起使用，确实提升了我的学习能力与学习效率，也减轻了对于学习新知识的恐惧。

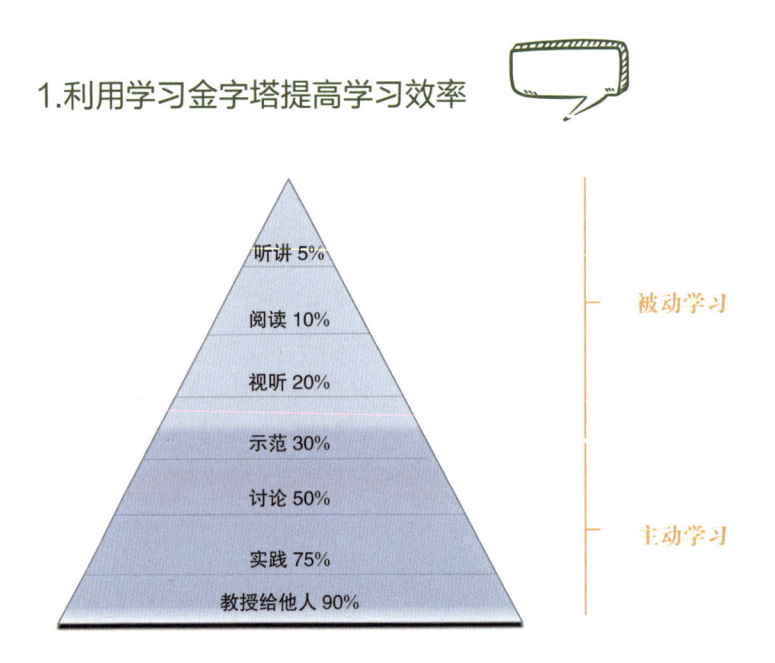

1.利用学习金字塔提高学习效率

层级	学习方式	效率	类型
	听讲	5%	被动学习
	阅读	10%	
	视听	20%	
	示范	30%	
	讨论	50%	主动学习
	实践	75%	
	教授给他人	90%	

学习金字塔最早是由美国学者、著名的学习专家爱德加·戴尔（Edgar Dale）于1946年首先提出的。他告诉我们，"不同的学习方式，学习效率是完全不同的"。

在塔尖，第一种学习方式是"听讲"，也就是老师在讲台上说，学生在下面听，这种我们最熟悉、最常用的方式，学习效果却是最低的。两周以后，在大脑中留下的学习内容大概只有5%；第二种是通过"阅读"方式学到的内容，可以保留10%；第三种是用"视听"的方式学习，可以达到20%；第四种是通过"示范"的方式学习，采用这种学习方式，可以记住30%；第五种是通过"小组讨论"，可以记住50%的内容；第六种是在"实践"中学习，留存率可以达到75%；最后一种在金字塔顶端的学习方式，也是最高效的学习方式，就是"教别人"或者"马上应用"，可以记住90%的学习内容。

为了验证这个金字塔的真实性，我亲自做过一次实验，以学习《哈利·波特》的英文原著为例，分别用了上述讲到的7种方式来实践，每次在学习两个星期后就记录一下吸收的效果。

第一种是直接听英文软件上的人朗读原著中的一段内容，大概算了算有多少个单词，过了两个星期以后，能够复述出来的内容真的只接近于5%；而阅读大概能够记住原著的10%；用视听的方式，能够记住内容的20%；看电影能够记住内容的30%；主动与身边的《哈利·波特》爱好者参与讨论，大概能够记住50%的内容；实践的部分我就用角色扮演的方式来进行实验，结果能够记住大概70%的内容；如果我想要把这一段原著讲解给身边的人听，在两星期之后，我基本上都能够记住里面所有的单词。

爱德加·戴尔提出，学习效率在30%以下的4种传统方式，都是个人学习或被动学习；而学习效率在50%以上的，都是参与式学习或主动学习。这也分别是不同的"输入式"和"输出式"的学习模式。用最简单的话来讲就是"要我学"和"我要学"的学习模式。

小时候家人逼我们学习，我们一直学不好，其实是因为我们的内心没有很想学，一直是"要我学"的学习模式。所以大多数时候只是在被动地吸收一些知识，死记硬背的效果当然不会太好。出来工作后才发现，自己在工作上还有非常大的进步空间，很需要自己不断地学习各种不同的技能。这个时候是需要有目的性地吸收知识的，于是就自动地转变成了"我要学"的学习模式，会主动去搜索更多想要学习的知识内容。主动学习是知学—好学—乐学的过程，不仅可以更轻松、更快乐，而且主动学习五分钟的效果，往往大于被动学习一小时的效果。

对于这两种学习方式，我最大的感受就是：主动学习就好像在追蝴蝶一样，即使在跑的过程中有些累，但还是会感到非常开心，只是因为我自己喜欢；被动学习就如同被人鞭策追赶，不得不跑。我们要根据自己的状态切换自己的学习模式，调整到最好。

还有最重要的一点是，除了记录以外，还在于行动上的转变。教是最好的学习，在教的过程中，或许会碰到一些自己还不知道如何表达的知识，这个部分可能就是自己还没有掌握的知识，如果发现自己能够很顺利、流畅地表达出来，那基本上就表明自己已经掌握得非常好了。

我在平时的学习中是这样做的：我会把学到的知识和身边的人分享，或者写成文章发表在社交媒体上。最好加上自己对这些知识的看法和后期的实践，进行改良或者再创造，之后再分享出去，唯有这样才能够真正地促进自己的成长。

2.找到适合的学习方式—坚持实践—尝试突破

在学习中，我最常思考的一个问题是："如何在学习中找到正确的方法，以便于提升效率和学习质量？"每个人在每个时间段的学习方式是不同的。有的人在早上学习头脑最为清醒，有的人在晚上听课最高效；有的人喜欢在咖啡馆里学习，有的人则是关起门在书房里学习才有效果。根据对自己和他人的观察，我发现在学习和工作上常常碰壁的人，往往只是还没有找到适合自己的学习方法。

我非常喜欢看传记，我能够在书中看到这些伟人是如何一步步成长起来的，而且我会把他们的成长历程和学习方式做一个小小的对比。比如村上春树、谢里曼和歌德之间的学习方法，虽然各有不同，但他们都有一个共同的特点和同样的学习路径，那就是"找到适合的学习方式—坚持实践—尝试突破"，这是保持高效学习的成长路径。

如何找到适合自己的学习方式？

找到适合自己的学习方式，一共有三个关键词，就是when，where，how。在寻找的过程中，需要我们了解自己在哪个时间段、在什么样的环境下、用什么样的方法更加容易进入学习状态。

① 了解自己在哪个时间段最容易进入学习状态。

这需要我们花费较长一段时间用手账去记录每日Routine，这样才能够清楚地分析出自己在哪个时间段进行学习或者工作状态是最好、最高效的。一定要多挖掘自己情绪高涨的时间段，然后在这个时间段长期坚持将某件事做下去。

经过我的时间轴记录，我了解到自己是适合在午后和晚间工作的。下午3点到晚上10点是我的精神相对比较充沛的时候，所以学习、工作和运动的效率都很高，学习起来也非常高效。

在我们刚刚开始养成学习习惯时，切勿把自己的目标定得太高，这样容易在一开始就因受挫而产生放弃的念头；但也不能将目标的难度降得太低，这会使自己在舒适圈里打转，一直无法进步。因此，对于目标的设定范围，最好适当地给自己施加一些压力，是只要努努力、踮起脚尖就能够做到的。设立好目标后，一定要保证自己能够在一天的某一个时段当中，远离会对自己产生干扰的电子设备，专心致志、心无旁骛地学习。

② 创造一个自己喜欢的学习环境。

我很喜欢的作家斯蒂芬·金，他在写作时会要求自己"不完成目标，绝不离开书房半步"。这位作家每天都在紧闭的书房中奋笔疾书完成2000字的写作。这给了我非常大的信心和启发。伟大的作家尚且如此，我们想要实现自己的愿望，就更要像他一样，狠狠地关上门，下定决心去做某件事情。我们往往做不成某件事，就是输在了对自己"不够狠"。

斯蒂芬·金喜欢的写作环境是在书房中一边听摇滚音乐一边写作，而我发现自己喜欢在带点轻音乐和轻微人声的咖啡厅写东西。在那里我仿佛置身于一个想象和创作的天堂，既不枯燥又有人气，同时也隔绝了与外界的交流，在这样的环境中我可以保持良好的状态。

所以，我们可以通过提前了解自身的喜好，来寻找不同的环境，进而帮助自己强化学习意识。

③ 找到能够帮助自己迅速集中注意力的装置。

"注意力装置"其实就是我很喜欢的"仪式感"，比如每个人在睡前都会有不同的习惯，有的人喜欢看10分钟书之后再睡，有的人喜欢在睡前听音乐，有的人喜欢在睡前冥想，这都是"入睡前的仪式感"，也是在生活中不断地寻找最舒适的方式。

学习也是如此，我们也需要找到能够帮助自己开启注意力的仪式感。我很喜欢在学习前把手机和电脑的网络关掉，打开Forest App，设置专注60分钟的时间，选择一些轻音乐，戴上耳机，做好这些我就会很快进入状态。这对于我来说，其实就是对自己的大脑发出"我现在需要专注了"这样一个信号，争取在这个时间内完成自己的目标。

设定好了屏蔽干扰的时间，我会在自己的手账本上做好"开始学习"的记号，不给自己安排其他的事情。如果有特殊情况，我会告诉周围的人，在这段时间内暂时不回复信息等等。

制订行动计划进行实践，并尝试突破

加缪说："一切伟大的行动和思想，都有一个微不足道的开始。"行动力是人与人之间最大的分水岭。为此，我开始学习伟大的现代经营学之父彼得·德鲁克推崇的"行动计划"，只有行动才能够带来好的变化。所以我也开始给自己制订属于我个人的"行动计划"，分别有三步：

① 确定目标；
② 决定期限；
③ 根据实际情况进行调整。

简单地说，每做一件事情之前，先制定好目标与期限，严格落实到每一步计划，最后再根据实际情况调整计划。德鲁克先生在95岁高龄时，也是根据这样看似简单的三步，读完莎士比亚的全集，学习了中国美术等。这种活到老学到老的精神，让他在业界被称为"知识巨匠"。不得不说，他对我影响深远，我的人生就是由一个个"行动计划"堆叠起来的。通过这样的行动，到达了一个又一个里程碑。

但在行动的过程中，也一定会有失败的时候。因此一定要调整好心态，一次不行试两次，就像运动一样不断地突破自己的极限，在一次"力竭"后迎接下一次"力竭"，慢慢突破自己。

我们的学习态度，也不断地反应着我们的生活态度；拓宽事业、丰富人生的关键就在于不断学习新东西和进行反思。

3.超强学习法——费曼学习法

如果在独自寻找学习方法的过程中，仍旧像无头苍蝇一样找不到合适的方式，那可以尝试"站在巨人的肩膀上"。学习他人的学习方式，实践一段时间，看看是否是适合自己的学习方法，以提高自己的学习能力。

根据爱德加·戴尔提出的"学习金字塔"，我们可以知道最高效主动的学习方式是教授给他人，这个方式其实与物理学家费曼提倡的"费曼学习法"有异曲同工之妙。费曼认为："要是不能把一个科学概念讲得让一个大学新生也能听懂，那就说明你自己对这个概念也是一知半解的。"其实"费曼学习法"的核心就是"知识输出"，也是我个人在学习一些新领域知识中经常使用的一种学习方法，一共分为4个步骤。

① Concept——理解概念。

找一张白纸，将你想学习的概念、内容、主题等写下来，并尽可能地去熟悉这个概念。

② Teach——模拟教学学习法。

你要模拟自己是一位老师，面对完全不懂这个领域的人，用自己的话尽可能具体且形象地将知识讲述出来。在讲述的时候，或许会有一些地方是你自己都理不清头绪的，一定要在白纸上将这个"无法完整表达的知识点"记录下来，这个就是你现阶段较薄弱的地方。

③ Review——回顾。

模拟教学结束后，打开在白纸上记录下来的"薄弱知识点"，重新梳理、学习、巩固，直到抛开书本也能够将其讲解清楚。在模拟教学的过程中，你一定会想方设法地去联系生活中较具体的场景，来帮助他人进行理解。在一定程度上就做到了活学活用，这才是知识对我们最大的价值。

④ Simplify——简化。

把上述"薄弱知识点"在本子上重新进行梳理和理解，用尽可能简化的方式重新表达。如果能够简化到一听就懂，那你基本上就能够非常牢固地掌握这个知识点了。

"费曼学习法"是一种十分高效且能够让人深入学习的技能。

我们可以将这个超强的学习方法运用在生活和工作上。在实践的过程中，慢慢优化自己的学习和表达方式，并且尝试做出突破。比如说，你在学会一个知识点的时候，原本只敢讲给一个人听，那么以后就要尝试突破这个舒适区，讲给两个人听，再往后可以举办一个五人读书会，大家互相分享彼此学习到的知识点。再后来或许就能够面对越来越多的人进行讲述，在提高自己表达能力的同时，也能帮助自己逐渐提升学习力。

我个人从比较害怕当众演讲，到现在能够成为一名手账讲师，不管是在表达能力上还是在知识点的获取上，都有赖于这个方法带给我的帮助。

4.保持两种学习心态，更有效地提高学习能力

在长时间的自主学习中，我意识到保持两种学习心态，对我的学习力提升有着非常大的帮助。

第一种是对知识永无止境的好奇心，好奇心其实就是学习的引擎。学习力比较强的人，往往有着强烈的好奇心，有能够点燃自己激情的东西，比如爱好、技能、工作等。

第二种是不管学习什么，都要有能接受自己是个"差生"的心态。想要取得好的学习结果，是非常需要耐心的。我们要摆正及克服自己在一个新的领域会变成一个"差生"的心态，不要害怕丢脸，不要怕被人取笑，调整好心态，才能够进入后期的学习。

我时常会用这两个思维模型来帮助自己提高学习的能力。清楚地理解后进行实践，逐步提高自己解决问题的能力，就这样慢慢跨越了学渣和学霸之间的那一道鸿沟。

学习毅力：三步轻松有效提高意志力

在自我约束、认真学习的这两年里，我慢慢提高了自己的学习动力和学习能力后，发现仍有一个棘手问题需要解决，就是提高自己的意志力。我是一个做任何事情都喜欢寻求最短路径的人，所以我喜欢先去当一个"小白鼠"，来亲身实践许多的方式，做好实验结果的记录，最后留下一些比较简单的适合自己使用的方式，因为我一直觉得"简单的东西更能保持长久"。

1.永远保持反向思考

在开始学习一门学科之前，我会反向思考一个问题：没有它存在的负面意义是什么？

这和在找到学习动力时所使用的"赋予事情重大的意义"的方法不同，把未来的好处具体化更像是让人愿意开始行动去做一件事情，但反向思考一个问题，才能让人意识到坚持下去的意义在哪里。把反向思考做到极致的人，是查理·芒格。一般人都比较喜欢研究别人如何成功，他就偏偏反着来，喜欢研究别人如何失败。他有一个著名的玩笑是："如果我知道自己是在哪里死亡的，我就永远不会去那个地方。"

基于反向思考，我在做某些事时就会思考一下：没有它存在的负面意义是什么？比如说，我在学习理财时，因为对此不太感兴趣，所以一度坚持不下去，我在本子上进行了反向思考：如果现在不学习理财，负面意义可能就是永远是一个月光族！学习英语也是如此，我反向思考如果现在不学习英语，负面意义可能就是无法流利地掌握这门语言，无法打开另外一扇通往世界的大门，更无法用不同的思维去看待这个世界。每次这样想想，我就不禁心潮澎湃，慢慢地就能够坚持下去了。

所以当你坚持不下去的时候，只要想想如果没有学会这门学科你就会错过你原本可以领略的精彩世界，那么咬着牙你也会坚持下去的！

2.尝试进行社交化学习

离开学校后，我能够有时间到图书馆学习的时间少之又少，加之工作繁重，每天上班回到家后留给自己的时间和精力都不多，更不要说拿起书本来学习了。直到后来机缘巧合地加入了一个打卡社群，社群里的人大多数都热爱学习并乐于分享，在他们的积极带动下，我也更加愿意去学习和接触新鲜的东西，也非常愿意将自己学习到的知识分享出来，慢慢地我更加愿意学习了。

社交化学习起到的正面作用是：能够发挥互相监督和鼓励的力量，与身边的人共同成长，有效沟通，共同创造价值。

在日常生活中，也可以分成两种社交化学习方式。一种是线上组建社群的共同学习方式，可以共同监督打卡，也可以互相交流解答问题；线下的社交化学习则会更加有趣和多元一些。我身边有许多和我一样是自由职业者的朋友，我们会相约到咖啡馆或图书馆一起学习。在学习、工作时基本上不怎么闲聊，但其余时间就可以共同交流学习到的一些知识点或者是心得感悟。和朋友在一起学习，就不觉得学习是一件枯燥的事情，也会更加愿意坚持下去。

当然，我们还常常定期参加一些读书会、手账交流会等。和志同道合的人一同学习、分享、交流，也能够倒逼自己输入新的知识，活跃自己的大脑。

3.体能强化学习法

我非常喜欢日本作家村上春树先生。他每天坚持长跑10公里，时常参加马拉松比赛，偶尔挑战铁人三项。在我眼里，时常运动的人应该是对运动抱有巨大的热情才能够坚持下去。其实不然，村上春树并没有多热爱跑步，但他认为如果想要坚持写好长篇小说，就需要通过体能强化，锻炼自己的体力和精神力。因为真正支撑脑力劳动的，是一个强健的身体。

根据研究表明，体能好的人做事情会更加有毅力，而有爆发力的人更能够迅速处理好一件事情。庆幸的是，体能和爆发力都是可以后天进行培养和锻炼的。村上先生就是通过20年如一日坚持不懈地长跑，得到了不停深挖自己内在潜力的力量。

所以，村上先生在写作上的绝技其实就是：越是从事艰巨的文字创作工作，就越需要强化自己的体能。训练出强壮的肌肉与坚忍的意志力，从而使身体适应这种长时间、高强度的挑战。

这对于我的启示是：不能因为工作和学习需要长时间用脑，就忽略了身体的重要性。无论是工作还是学习，都无法只依靠"脑力"来完成。于是我又拾起了每天适当跑步的习惯。跑步的过程，是一个人独立思考的最好时段，每天给自己留30分钟的时间思考，对自己的成长有很大的帮助！

学习笔记：高效学习笔记是如何炼成的

在学习力慢慢提升的过程中，最大的感悟就是如果掌握好了学习方法，学习本身是一件令人感到愉悦的事情。但因为我们的大脑没有办法将所有的内容都记住，所以非常需要借助外界的工具来帮助我们记忆。学习笔记就是一个容易掌握而又非常有帮助的工具。在学习新知识时，我都会借助学习笔记，随时记录并有效地检索自己所学的知识。这么多年下来，也形成了自己独特的学习笔记，简单且高效。

学以致用，在写学习笔记之前，一定要给自己的学习笔记赋予一个重大的意义，罗列出写学习笔记的优点，这样会更加有动力坚持下去。

1.书写高效学习笔记的作用

学习笔记能让我们在学习的过程中更加专注

尝试在学习的过程中记录学习笔记，你会更专注、更认真地阅读书本

让每一天都有迹可寻的手账指南 ▲▼

中的知识点。在记录的过程中，还能够调动自己在输入过程中的思考。

学习笔记有助于提升学习质量

提升学习质量的重点在于提升对知识的理解，而记录学习笔记的过程中，多少会增加自己的一些思考，所以自然就能够对知识点理解得更深一

些。如果你还是在校学生，觉得课上听讲时间太紧，也可以在课后打开你的学习笔记，一点点去回忆老师讲过的知识点，相当于又巩固了一遍知识点。如此一来，学习质量自然就提升了。

学习笔记有助于积攒写作素材

学习笔记对我来说，还有一个非常重要的作用就是积攒写作素材。我有一个比较好的习惯是：每次写完学习笔记后，都会时不时地翻看自己的学习笔记。这除了能够让我重复记忆这些知识点外，还能够给我的写作带来许多灵感。如果写完以后只是晾在书桌上不管了，其实是一种非常巨大的损失，而且在输出文章的时候，也算是对我的思考结果进行了整理，如果可以养成写作的习惯，对个人的表达会有非常大的帮助。

2.如何写出更有颜值的学习笔记

每当我把自己的笔记图片发布到社交媒体上时，总会收到许多小伙伴的留言：笔记做得很好看，是如何写出来的？自己写得不太好看，都不太愿意反复翻看。

每个人都希望自己拥有之物具有美感，也非常想要向美好的事物靠近。所以我就开始思考如何才能让自己的学习笔记的颜值看起来高一点，让人有动力不断地写下去。综合分析了自己平时的学习笔记形式，总体来说有这么几个要点：

① 标题要醒目。

一般在写学习笔记的时候，标题是第一时间映入眼帘的内容，而且也是后续搜索的主要依据，所以需要将标题写得显眼一些，以便和学习内容做出区分。

② 上下和左右的排版方式。

学习笔记的美观程度跟我们的排版关系非常大，我一般喜欢使用上下或左右结构的排版方式，这样既简洁又美观，而且还能节省很多的时间。平时在做课程笔记时，我会借助一些好看的便利贴，记录一些重要内容或者自己听完课程后的思考总结、行动清单等。

③ 巧用小涂鸦和花体英文字。

为了使自己的学习笔记看起来更加美观、高级，我会用一些小涂鸦或者是花体英文字来呈现，比如用不同粗细、不同颜色的笔将标题和课程内容区分开来。这样的小心机能够让学习笔记的整体美观度更上一层楼。

除了按照这三个比较重要的点书写学习笔记外，还有一点很重要——留白。如果手账上记载的东西过于满，密密麻麻都是字，会带来一定的视觉疲劳，阅读起来也会有些吃力，这时就要学会适当地留白。其实只要做到左右之间、行与行之间有两字符的留白就好。留白是为了给学习笔记的版面制造呼吸感，下次再回看时也能够有相对比较好的观看感受。

我在写的时候常常会思考自己不喜欢什么样的手账，然后避免做成那样的手账就好了。

3.如何让学习笔记更加有逻辑

有颜值的学习笔记，还不足以让我爱不释手，我写学习笔记的初衷，是希望在保证相对好看的前提下，能够更方便自己查阅重要的知识点，所以，这份学习笔记也一定要有逻辑。

我自己经常使用的三个小步骤是：

① 写学习内容之前进行编序号；
② 学会捕捉关键句词；
③ 学会适当地放弃。

让学习笔记有逻辑的第一步就是：在下笔的时候，一定要编序号。因为人脑对数字总是格外敏感，不管什么情况下，在整页密密麻麻的文字里，最先找到或注意到的一定是数字。数字会帮助头脑清晰地理顺整篇内容的顺序。值得注意的是，编序号时可以给数字分级，如一级标题、二级标题等，这样可以表明它们之间的关系，方便后续进行查阅。

第二步是一定要学会捕捉关键部分。在学习的过程中，由于一些客观原因，往往并不能把所有知识点都记录下来，所以一定要学会抓住关键。比较关键的部分有这么几种：

① 一节课的目录或是小标题；
② 这节课的结构框架是如何的；
③ 老师在讲解时，对你有启发的句子，即你认为的金句。

学会捕捉关键部分的学习笔记，会让页面看起来层级分明且简洁精炼，当我们回顾时也会按照顺序进行书写。

最后一步是古代的智慧——学会适当地放弃。它是让我们的笔记逻辑更加完善的重要部分。

很多人的学习笔记翻看起来冗长又无亮点，把老师讲的内容通通都记录了进去，这是因为在记录的过程中没有经过精选，这样既浪费时间又浪费精力。

在记录的过程中，我会适当地放弃记录已经懂得的观点，留下精华部分；除此之外，还可以用简短的语言，将老师或书本上表达的观点概括总结成为自己的观点。

学习的目的是为了提升自我，拓宽知识面。如果在学习的过程中只是为了模仿别人的想法，这其实是思想上的懒惰。要学会丢开课堂和书本上的话，把学到的东西捏碎，糅进自己的体内。只有在实践中将课程和书中的内容变成自己的思想，才能做到真正的活学活用。

4.如何让学习笔记更加实用

对于学习笔记，除了美观和有逻辑以外，更需要看重的是这份笔记给自身成长带来的实用性。我时常想，什么样的笔记对我来说是比较实用的呢？首先这份笔记一定会有一些相对精简的课程内容，这样我在重新翻阅的时候，能够更快速全面地找到自己想要的内容。

其次是这份笔记需要列出一些行动清单。学习了某些知识点后能够在生活和工作中实践，是最可靠和实用的。所以，我会把行动清单写到这个知识点旁边，在回顾时也可以知道哪些部分是自己可以立即行动的。行动过程中还可以对照这个"行动清单"进行总结、复盘，看看在实践的过程中遇到了什么样的问题，之后再进行改正和提高。这种方式能够帮助我们很好地提升学习实践能力。

一份学习笔记是否真的实用，在于自己是否愿意时常回顾。记录下来的知识点，如果你不时常翻阅回顾，在日常生活中也未必会很好地运用，所以也就不存在实用的功能。因此，我时常提醒自己，隔一段时间就将学过的知识点拿出来回顾一下，也检测一下自己是否在落实。

所以综合来讲，一份实用的学习笔记需要的是：精简的课程内容，行动清单，以及时常回顾。这才是真正把学习笔记发挥到最大用处的方法。

03

行动力升级体系

为何设立目标总被打脸

拖延行为是指自我调节失败，在能够预料后果有害的情况下，仍然将计划要做的事情往后推迟的一种行为。拖延行为是一种普遍存在的现象。一项调查显示，大约有75%的大学生认为自己有时会有拖延的现象，有50%的人认为自己一直有拖延的现象。

这其实是一个很大的占比数，严重的拖延会给个体的身心健康带来一些消极的影响，比如容易出现一些比较强烈的自责情绪，尤其是负罪感，以及不断地自我否定和自我贬低的情绪，更有甚者会演变成焦虑症或抑郁症等心理疾病。因此，在拖延行为还不太严重的时候，就要予以重视，找清楚导致拖延的根本原因，再对症下药解决它。

1.导致拖延行为的三大原因

我是一个爱拖延的人，做事情总是临时抱佛脚。虽然知道不该如此懒

惰拖延下去，但还是没有办法控制自己。不过人生的转角，总是会在不经意间出现。

有一天下班回家，我一如往常挤地铁，不经意地从地铁门的玻璃上看到自己狼狈的模样，明明才刚刚二十出头的姑娘，却完全看不到这个年龄应该有的青春和活力，取而代之的是紧锁的眉头、深重的黑眼圈和疲惫的身躯，毫无朝气。我突然意识到，这不是我想要的样子，我不希望自己在最美好的年纪，心灵就奄奄一息了。下了地铁后，我暗暗下定决心：一定要开始改变！从打败拖延行为开始！很庆幸的是，我立下的这个Flag并没有被打脸，因为我在慢慢地与拖延行为抗衡，且找到了自己喜欢的状态。

当我回过头来剖析自己的拖延行为时，发现主要是这几个原因造成的：

完美主义

我们常常会给拖延行为裹上一层美丽的衣裳，美名其曰"完美主义"。比如，下决心要减肥时，总是要等到买齐了装备，准备好了各种攻略才开始去健身，但是，等这一切都准备好后，减肥的热情已经消退了，于是减肥的事情就一拖再拖。实际上，只要一双跑鞋和迈出第一步就能够解决拖延行为。

担心得太多

在开始行动之前，脑子里总是想得太多，总是害怕会发生一些重大的变化和难以克服的困难。典型的想得太多，做得太少，结果导致事情越堆越多。

事情太多了，感到倦怠

当我们面临一大堆的Deadline（最后期限），尤其是忙不过来的时候，就会让自己于无形中处于焦虑无助的状态，产生倦怠的心理，有时候甚至会破罐子破摔，干脆什么都不做了。

这三种情形是导致拖延行为比较常见的原因，我之前也常常在这些旋涡中挣扎。再细溯源头，发现导致拖延行为还有一个根本原因，就是享乐主义的形成，当代很多年轻人崇尚今朝有酒今朝醉，及时享乐。于是，我们便会习惯先把玩游戏和看电视等好玩的、容易做的，优先进行，无趣的工作则被推后。

慢慢地，拖延行为就产生了。

2.对抗拖延行为的三大误区

那么，当拖延行为产生后，一般人是怎么解决的呢？

我认真观察过自己一阵子，发现自己往往会借助于内在的意志力、外部的压力及自责反省这三个方法来对抗拖延行为。这三个方法的效果却是微乎其微的。

当我想要改变拖延行为时，最先想到的就是用意志力来对抗拖延行为。但是，我发现这个方法并不靠谱，反而会让我越来越感觉疲惫，因为意志力是一种非常有限的资源，很快就会耗竭一空。

听过这样一个实验：心理学家把一群大学生叫到实验室，让他们禁食之后，去做一个非常难的测试，看他们能坚持多久才放弃。这些学生被分成两组，第一组直接做题，第二组旁边放着饼干，但是不能吃；第一组坚持了20分钟才放弃，而第二组只坚持了不到10分钟。这是因为第二组的意志力因为抵抗饼干的诱惑而被提前消耗了许多，之后也没有意志力来完成测试了。

社会越向前发展，我们的拖延行为似乎就越严重，你可以想象一下，在现代生活中，我们的日常有多少需要意志力来抵抗的诱惑，比如打游戏、朋友聚餐、刷各种社交媒体、各种信息流等，我们真的需要极强的意志力才能抵制住这些外在的诱惑，有时候或许真的不是我们意志力薄弱，而是诱惑太多。所以，单纯依靠内在意志力来对抗拖延行为不太行得通，那是不是可以靠外在的压力对抗拖延行为呢？我实践了一段时间后，答案也是否定的。科学研究表明，当情绪压力过大时，人们就会产生焦虑的情绪，而人在焦虑的时候，大脑就需要多巴胺来对抗焦虑。

那么，如何才能让大脑产生多巴胺呢？现代最常见的快乐方式是：打游戏、刷微博微信、看电视电影等。越接近最后期限，压力和焦虑越大，人就越需要多巴胺。这个时候，游戏娱乐的诱惑力就会越大，我们不知不觉中花在游戏娱乐上的时间就越多。这就可以解释，为什么时间越紧迫，我们反而越会去娱乐自己，而时间浪费得越多，焦虑感越强，因此陷入恶性循环。由此看来，靠外在压力来对抗拖延行为，会让我们陷入另一个困境中。

当内部的意志力和外在的压力都不足以让我们解决拖延行为时，我们就会指责自己：我怎么这么没有意志力！怎么这么一无是处呢！

回想起小时候读过的一则关于民国大师胡适的小逸事。

故事说胡适在7月4号打开一个日记本，写上：我要认真学习，我要熟读莎士比亚的著作，要成为一个伟大的人。7月5号日记本上记录的是打牌，6号也是打牌，7号还是打牌，一直到7月16号。胡适开始自责了："胡适啊，你真是一个没有意志的人，你到大学是来认真学习的，而不是来每天打牌的,现在你要洗心革面。"而接下来的17号、18号,他还是去打牌了。

这也是我们每个人的真实写照,在不断地拖延后开始自责,但这样的方式不会帮助我们改变现状,更糟糕的是,如果原本就是一个比较没有自信的人,自责更会导致自信心下降,觉得自己一无是处,最终"放弃治疗"。这样看来,自责有时候反而会阻碍我们解决拖延的问题。摆脱拖延行为一定是有方法的,但前提是,一定不要过分苛责自己,先接纳这种情绪,才会有接下来的解决方法。

除了总是自责的人外,我还常常遇到这样的人:每当他想开始学习某项技能时,都会抱怨"我喜欢画画,但是又怕浪费时间,毕竟找工作又不考量画画是否画得好;我喜欢看一些文学的书,但大家都说文学无用,周围的人都在努力考一些证书,感觉压力好大"。通过他的日常话语,可以总结出这样的句式:我想做……但是……。有这种思维方式的人习惯把时间花在犹豫和挣扎中,典型的行动与欲望不匹配,被自己的张望、犹豫和困惑牢牢地困在了原地。"我想……但是……"这个句式彻底地毁了行动力,所以我选择把这个句式转换成"我想……那我要怎么做呢?",从而打破限制性因素。

如果你觉得完成一件事情不可能,大脑会为你想出一万种不去做这件事情的理由。但如果你觉得这件事情必须做,大脑就会自动帮助你思考实现它的方法。思想上的改变并不需要漫长的时间才能做到,有时候人的巨变,可能只是一瞬间。

大学刚毕业时,我也是个完全不知道人生方向在哪里的人,背着助学贷款,工作通勤两小时,还做着自己不太喜欢的工作,每个月几乎都月光,没什么存款。

偶然的一个机会，看到了松浦弥太郎先生的一句话："试着慢慢打好自己手里的人生烂牌吧。"大脑中突然"轰"的一声：是啊，即使生来就拿着一手烂牌，但能不能努努力往好的方向打呢？所以，当你有了想要"试着慢慢打好自己手里的人生烂牌"的想法，你才能够不断去寻找一些方法，让自己不后悔地度过这一生。唯有通过改变自己的思维模式，才能够慢慢改写自己的人生故事。我就是一个受益者。

当我的思维改变以后，我在对待每一件事情时都会全力以赴，尽量在自己能力内做到最好。后来，我得知这种"置之死地而后生"的精神被称作"不惜力"。

李安在《十年一觉电影梦》中说过这么一句话："练功就得逆着人的惯性、本性。惯性不需学习，天生就会，是一股蛮力。但练功则是透过压抑或松散本性、摆脱一般反应的牵制，将力全导入正道，成为实力。练成后，在这一层次即能运行自如。"

在行动力上的修行，也如"练功"一般，不是"佛系"二字就能够将功练成。很多人常常在还没有拼尽全力之前就用"顺其自然"这四个字来敷衍自己，但真正的顺其自然，是竭尽全力后的不强求，而非两手一摊的不作为。当你想要做一件事情的时候，真正竭尽全力尝试过，就不会留有遗憾和后悔，你能感受到内心的平静和喜悦。但凡有一丝后悔，那就该想办法改变。人，最怕的就是一边后悔，一边原地不动。

行动升级：学会利用三个法则，训练从弱到强的行动力

1. "四七法则"，打破完美主义魔咒

俗话说万事开头难，要走出自己的舒适区是一件非常难的事情，很多人都会因为跨不出第一步而慢慢失去生活和工作中的许多机会。后来我习得了一个叫作"四七法则"的方法，可以打破假借"完美主义"来冠名拖延的魔咒。

做好100%的准备，我们会称之为完美。"四七法则"就完全相反，它是指我们要在完全准备好之前就开始行动起来。在做某件事之前，我总习惯给自己一段准备时间，我从小接受的教育就是要准备充分，才能自信，优秀的人绝不打无准备的仗。但美国的人类心理学家皮特·霍林斯（Peter Hollins）认为："在行动之前不要试图准备到100%的时候再去

做一件事情，因为这样会耗费很长的时间，而有时候热情和机会都是转瞬即逝的。"就像之前的我，刚刚对减肥产生一些热情后，就兴高采烈地在网络上挑选运动装备，想要找全所有的锻炼方式，但等到一切都准备好了以后，自己的热情已减退，这件事情也就无疾而终了。虽说不能等到准备得非常完美以后再行动，但也不能走另外一个极端，什么都不准备就鲁莽地做决定，这也是非常不理智的，会导致失败的概率过高。

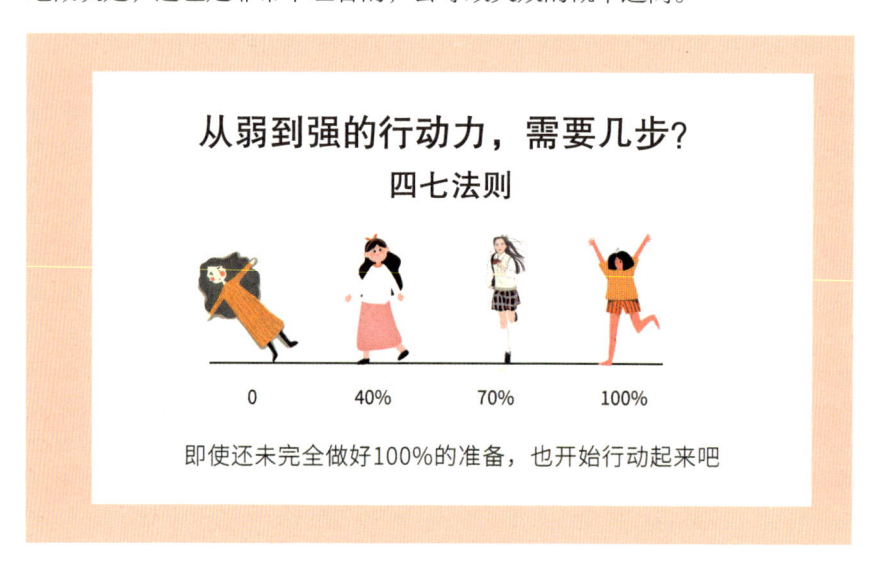

从弱到强的行动力，需要几步？
四七法则

0　　40%　　70%　　100%

即使还未完全做好100%的准备，也开始行动起来吧

既然准备不能太多，也不能太少，那么，是否能够有一个相对合理的指标来告诉我们，到了这个范围就可以开始行动呢？皮特·霍林斯认为在40%~70%的比例中，只要所拥有的信息、准备程度达到了这个范围时，就足够你作为"是否行动"的判断依据了。40%~70%这样的区间，让我们既能够拥有足够多的信息去做一个明智的决定，同时又不至于让太多繁杂的信息造成干扰。"四七法则"秉承的宗旨是：准备是很必要的，但千万不要因为准备而错过了最佳时机，更不要陷入因为追求完美而导致陷入拖延的大陷阱中。请一定要记住Facebook创始人扎克伯格那句非常著

名的话："完成比完美更重要。"走出自己的舒适区，最关键的一点是瞎折腾，踏出第一步。

面对一样完全新颖的东西，我比较倾向于先行动起来，之后再不断改进。在自己的行动力加强的同时，进步空间也会非常大，当完成一件又一件事情时，自信心也会越来越强。

"四七法则"的应用范围相对较广，适用于工作、学习和生活。我喜欢将每一步的行动都可视化，于是就将"四七法则"在自己的手账本上梳理出来。

① 在手账本上写下我可以做的事情；

② 写下针对这件事情要提前做的准备；

③ 评估所做的准备或收集的信息是否在40%~70%的比例区间中；

④ 按照原本的计划先开始前面的几步，不断地修改迭代。

按照准备好的计划去行动，在不断行动的过程中，尽量变得更加专业。

"我从不为往回游保存体力"，这是我很喜欢的一部电影《千钧一发》里的男主角对他弟弟说的一句话。不给自己后退的机会，既然想好了就先收集一点信息做起来，再一点点修正和迭代自己的行为，不给自己向后退的机会，当你没有选择的时候，一切事情都会变得简单。

2.利用优劣穷尽法,找到行动的意义

当我们持续做一件事情时,精力会被消耗,人就会开始懈怠,缺乏前进的动力,甚至会觉得找不到行动的价值和意义。人总是会忘记自己当初为什么出发。其实最有效的方式是回归初心,利用优劣穷尽法,来帮助自己找到行动的意义。

优劣穷尽法,顾名思义,就是把一件事情可以带给自己的好处和坏处统统写出来。在书写的过程中,找到行动的意义。

很多时候,我们会渐渐对一件事情提不起兴趣,或许是因为自以为路程太远了,像跑一场没有尽头的马拉松一样,看不到希望和终点,就非常容易破罐子破摔,消极怠工。正是这种消极的心态,一步步拖垮了我们。倘若此时我们把所做之事能带给我们的好处全部罗列出来,清晰地看到自己在做的这件事情的全部意义,行动自然就会如有神助。

每当对生活和工作中的某件事情提不起劲的时候,我就会拿出自己的手账本或者一张A4纸,开始进入沉浸式的思考。

① 列出做这件事情的好处和坏处。写下坏处的目的在于让我们自身能够更加明白,想要获得这些好处,就要舍弃某些自己在意的东西。对自己做的事情有一些预见性,才能够让自己心中有数,遇事不慌乱。

② 直接将它贴到自己的书桌或者卧室等常常看得到的地方。

③ 每天睡前花一分钟回顾一下做这件事情的意义。

3.保持最短行动路径，才能日复一日地坚持

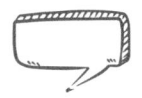

我刚开始工作时，因为想拥有更好的身材，就给自己定了个小目标，每天去健身房跑3公里。但下班回到家以后基本上就是晚上8点了，经过一整天的劳累后，回到家的第一时间就是躺在沙发上休息，也不想动，更不要说出去跑步了。过了一段时间后又因为自己的懒惰和拖延而极度懊悔：不行！一定要改变！

于是我尝试把自己的运动服带到公司，下班后就直奔健身房，先逼自己跑3公里，锻炼完了才能够回家。从公司到健身房的路程，少了非常多的诱惑，慢慢地我竟然也坚持了许久。

后来我才发现，如果要突破自己的舒适区，一定要找到一条最短的行动路径，才能够更好地坚持下去。比如，从公司到健身房就相当于是两点之间最短的直线路径。这段路程中你已经有一个非常坚定的目标，而且没有过多的外在诱惑。但如果从公司回到家，换了衣服再去健身房，在回到家的那一刻，懒惰因子就开始在大脑里发挥作用了，上完一天班后意志力薄弱的人基本上都会投降，陷入温柔的沙发里。

现在，我会在头一天晚上就把健身服装好放到玄关处，在出门的时候就不会纠结今天要不要带衣服了，不给懒惰因子一点机会，这就是最短行动路径带给我的力量。因此，如果你希望可以坚持做一件事情，先找出它的最短行动路径，然后努力坚持7天，就能够慢慢形成好的习惯了。

当我学会用"四七法则"迅速迈出第一步，使用优劣穷尽法明确行动的意义，找到做这件事情的最短行动路径，提前给自己做好思想铺垫后，慢慢地就不再那么焦虑了，并且越来越自信，也更加踏实地向前努力。

行动清单：改变你的拖延行为，成为行动超人

1.五秒钟法则，做好行动前的缓冲

在行动中，速度一定要快！迅速开启第一步！

一般人都很喜欢赖床，赖着赖着就把青春赖完了，我也不例外。我计划过无数次要晨跑，结果前一天晚上有多么信誓旦旦，第二天早上就有多么懊悔不已。于是明日复明日，明日何其多，就这样心安理得地继续拖延下去。

后来，我在电台中听到了可以用"五秒钟法则"来帮助自己摆脱拖延。

这个方法非常简单：就是在做一件事情之前，倒数五个数，数完后马上开始去做，不给自己多余的时间犹豫和拖延。它就像是一个启动按钮，比如当我们听到闹钟响时，不管再怎么困，在心里倒数5、4、3、2、1，

想象自己是一艘即将发射的火箭,数到1的时候就要按下按钮,马上从床上弹起来。

我每天都在用这个方法,当闹钟在清晨响起时,它就像是倒计时按钮,代表新的一天马上要开始了,我蓄好能量:30%、60%、90%、100%!今天也要元气满满!

这就是我日常生活和工作中的元气启动按钮——五秒钟法则。

2.一分钟行动清单,区分简单任务和重大任务

那我们早起后,要做些什么呢?时常会有这样的现象,好不容易早起了,却没有什么计划,不知道应该做些什么,然后就会躺在床上玩手机。虽然早起了,但这个时间并没有好好利用,还是消磨掉了。如此,我们的早起就毫无意义!所以,我给自己设置了"一分钟行动清单"来梳理一整天的重要事项。当我知道今天有不少事情要做时,就会尝试克服睡意,先把能够做的事情做好。方法也非常简单:

① 列一份行动清单。

清晨起来后,在大脑里迅速搜索今天该做和想做的事情,先用一分钟的时间把这些事情都列出来,得出一份引导今天行动的清单。之后,将这份行动清单划分成两个不同的类别来进行不同的行动安排:一类是几分钟内就能够完成的清单,一类是不能马

上完成的"重大任务"清单。

② 能够在几分钟内完成的事情，就马上去行动。

比如，需要给谁回个电话、回个重要信息，要和某些人对接事情等等。只要是想起来，且花费几分钟就能够完成的，就要马上去做。这些看似不重要的小事，如果堆积多了，时常会令人焦头烂额。每当我做完一件小事，心里就会形成一个暗示：我做完了一件事情，就解决了一个问题。而且，把这些琐碎的小事做完后，会极大程度地释放你的脑容量，让你能够有足够的精力专心去做更重要的事情。

③ 如果不能马上完成的，先放在专门设置的另一张"重大任务"清单里。

在一天的安排中，总会有难易之分。当我们先把行动清单上相对简单的事情完成后，就要开始解决较难一些的任务了。我们不称为"艰巨任务"，而是把这类任务称为"重大任务"。"重大任务"就是告诉自己，这件事情很重要，必须完成！

3. 重大任务清单的处理方式

对于"重大任务清单"，因为它需要一定的时间去处理，所以需要形成一套独特的处理方式。

重大任务清单处理方式

① 许多人都默认为"Deadline"是第一生产力，如果希望将这个重大的任务处理得更好些，一定要将你的Deadline往前推，至少往前推一天。这样不仅会让你比较有紧迫感，而且剩余的一天也能够让你有时间检查和调整。当然，现实情况有时候很特别，比如上午才布置的任务，下午就要上交了，这种突发性的紧急情况是不需要考虑在内的，因为它的紧急性让你无法拖延。所以，遇到不同的情况，需要进行不同的调整。

② 学会将重大任务通通罗列出来，然后分解到每一天具体要做几项，方便行动和追踪。

③ 每天晚上都要查看重大任务的处理进度，这样才能够确保自己的行动是到位的。

④ 重复上面的步骤，一直到完成任务为止。

心理学上有一种"契可尼效应"，它是一种记忆效应，指人们对尚未处理完的事情比已处理完成的事情印象更加深刻。人们之所以会忘记已完成的工作，是因为欲完成的动机已经得到满足；如果工作尚未完成，欲完成的动机便会令人留下深刻印象。

拖延行为总是伴随着焦虑的情绪产生，当有越来越多的事情未完成时，大脑感到印象深刻的事情就越多，这样会不断地占用自己的认知资源，继而产生焦虑，随后继续循环。只有大脑先自由了，才能够一步步消除因为拖延而产生的焦虑感。

所以，一分钟行动清单对我们的生活和工作都能产生巨大的作用。设置这个清单的意图，旨在帮助我们在做事之前，把该做和想做的事情，用一分钟的时间迅速地梳理成两个类别，巧妙地区分开能够马上做的和不能马上做的，再根据不同的方式进行处理，便能够改变从早到晚的拖延行为，让我们变身为行动超人。

提升效力：简单四步，成为20%"说到做到"的人

1.坚持每日"五斧头"打卡法

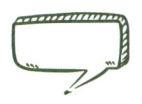

我们每天需要做的事情有很多，但很多时候经常把时间花在一些无意义的小事上，而导致那些有意义的事情没有时间完成。这是得不偿失的，那么如何解决这个问题呢？

我在提高行动力效率的过程中，一定会先设置好"每日五斧头打卡"页面，因为这样我才能够更关注每日的行动，帮助自己更好地提高这些有意义的事情的比重。看着效率一天天地提升，做这种有意义的事情就会上瘾，离拖延行为也就越来越远了。

"每日五斧头打卡"是在我陷入迷茫和拖延时，听了一个故事后受到启发开始行动的。

这个故事是这样的：世界领导力大师约翰·麦斯威尔（John C.

Maxwell）曾经在一个很重要的演讲台上，讲过一个影响他终生的"樵夫砍柴"的故事。有一棵很大很粗壮的树木长在樵夫的屋前，挡住了大片阳光，也越来越不方便他通行。于是，樵夫下定决心要把它砍倒，而樵夫为了维持生计，还有许多的事情要做，所以他决定每天只砍"五斧头"。

刚开始砍的时候，每天的这五斧头根本没有对这棵大树造成任何的影响。第二天、第三天，甚至一年也是。但他知道，只要他不放弃，就一定能砍倒这棵大树。

麦斯威尔先生说："树的大小不重要，重要的是每天砍五次。"他从19岁时就决心想要成为领导力的权威，于是他为了达到这个目标，设立了自己的"五斧头"：每天阅读、每天记笔记、每天分类归档、每天写作、每天思考。不论风吹雨打，他都会坚持砍这"五斧头"，即使是圣诞节等重大节日。他就这样把这些小小的"五斧头"一直坚持了40多年。如今的约翰·麦斯威尔先生早已成为全世界地位不可动摇的专家，也被誉为"世界领导力大师"。

看似小小的几件事情，但加上时间的复利，就让一个普通人变成了一位世界级大师——成功的路上并不拥挤，因为坚持的人并不多。

喜欢写手账的人，总是能够将自己习得的方法和技能在手账上视觉化。这个每日"五斧头"，我也在手账上视觉化了出来。一般我会按照以下四个简单的步骤进行。

步骤一：在设立每日"五斧头"之前，一定要非常明确自己的成长目标，或者是想要坚持的习惯有哪几个。虽说麦斯威尔先生坚持的是每日"五斧头"，但我们也可以根据自己的实际情况来调整。若学习和工作都太忙，就可以将"五斧头"改成"三斧头"，选择一个让自己稍微容易坚持的习惯，之后再慢慢叠加。

比如说，我的成长目标一共有五个：

① 成为一个热爱阅读的人；
② 坚持做自己热爱的事情，如写手账；
③ 成为一个能够独立思考的人；
④ 保持文字输出；
⑤ 保持身体健康。

设定好目标后，接下来就要将它们变成可视化的页面，可以依据这个打卡页面来养成习惯。

步骤二：提炼出每日要打卡的"五斧头"，要与自己的成长目标相对应。根据我的成长目标，分解到每天可以实践的行动，每日"五斧头"的打卡项目分别是阅读30分钟、锻炼30分钟、写作30分钟、每日健身和每日思考等等。

将打卡项目罗列出来后，就可以开始在手账本上画出打卡页面：

① 在常用的手账页面上，写上本月月份轨迹作为标题，可以是中文，也可以是英文，我习惯用秀丽笔写上英文。
② 月份标题写好后，就可以开始画格子了。第一横行写的是该月份从1号至31号的日期，第一竖列写的是每日要打卡的项目，这个页面基本上就设置好了。
③ 最后在睡前花一分钟的时间，大概追踪一下打卡的情

况，我习惯用斜线画满整个方格，表示已经完成了这个斧头。

每次在月末时，看到打卡页面都是满满的斜线，就会有满满的成就感。如果相反，打卡页面空白的地方较多，就一定要思考为什么总是完不成这个项目，之后再进行调整即可。

03 行动力升级体系

在打卡页面的下方留有空白处，我会按照自己的喜好进行装饰，贴上喜欢的胶带、贴纸、自己画的画，或者是本月的总结反思。只要稍加一点小心思，就能够得到属于自己风格的手账。如此一来，集美貌与实用于一身的每日"五斧头"打卡页面就完成了。

在专注于每日"五斧头"打卡的过程中，一些对自己来说相对比较无意义的事情会不自觉地断舍离，于是我会更专心地去做一些能够帮助自我提升的事情。每天不间断地行动，积累到一定程度后，就会开花结果。

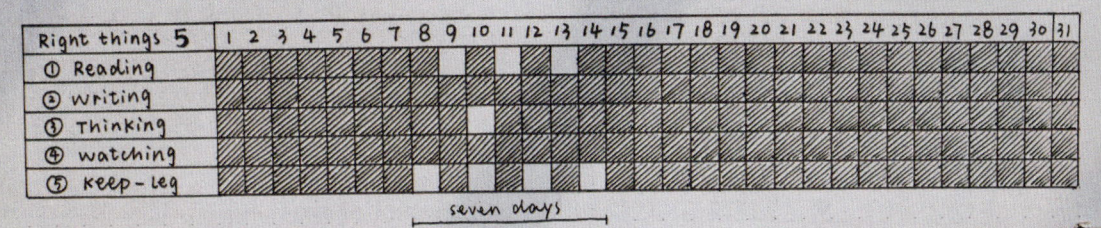

MADEMOISELLE PRIVÉ

CHANEL

October tracker

DO THE RIGHT THING	1	2	3	4	5	6	7	8	9	10	11	12	13	14	15	16	17	18	19	20	21	22	23	24	25	26
1. reading																										
2. writing																										
3. thinking																										
4. watching																										
5. Swimming																										
6. Happy																										

Summary

3 下个月没定早睡早起目标
早起至少运动30mins
不占用晚上时间即可.

1 10月是极度自律月，阅读、观影、写手帐和思考都保持得非常好，所以每日的心情也是保持Happy的状态.

2 做得不够好的地方是：没能保持每天运动。原因有：
① 有些时候学习时间过长，所以都没有每天都动一下.
② 生理期5天+归家4天也未能保持，身体还没适应呢！

167

1941

1973

2013

2.股神巴菲特的"两列清单法"

在设立每日"五斧头"的过程中，如果不知道自己的成长目标是什么，可以尝试使用股神巴菲特的"两列清单法"来帮助自己找到真正想要做的事情。

股神沃伦·巴菲特是这个世界上最成功的投资者之一。他白手起家，是伯克希尔·哈撒韦公司的最大股东、董事长及首席执行官。2020年4月7日，沃伦·巴菲特以675亿美元财富位列2020福布斯全球亿万富豪榜第4位。如此成功的人，他是如何确定自己最想做的事情是什么的呢？

巴菲特有一个很重要的人生管理技巧，叫作"两列清单法"，但这个方法不是他告知世人的，而是巴菲特的私人机长说出来的。这里有一个小小的故事。

迈克·弗林特（Mike Flint）已经做了巴菲特十几年的私人机长。弗林特曾透露说，因为自己一直很迷茫，不知道如何区分事业的重点，就向巴菲特请教。巴菲特首先建议他将自己想做的25个职业目标写在一张清单上，然后审视一下这个职业目标清单，圈出其中他认为最重要的5个职业目标。弗林特花了一些时间，照着巴菲特说的去做，最终他得到了两个清单。随后巴菲特就问弗林特怎么看待这两个清单。弗林特回答说自己会马上开始着手实现5个重要的职业目标，至于另外20个，可以在闲暇的时间去做，慢慢把它们实现。

巴菲特听完弗林特的回答后说道："不，你搞错了。那些你并没有圈出来的目标，不是你应该在闲暇时间慢慢完成的事，而是你应该尽全力避免去做的事——你应该像躲避瘟疫一样躲避它们，不花任何的时间和注意力在它们上面。"

这个小故事说的就是"两列清单法"的重要性。这个清单法的有益之处在于，从自己认为比较重要的25个目标中找出最重要的5个。与这5个成长目标相比，其他都是让自己分心的，但也无须将这些让自己分心的目标直接删除，暂时放在一边即可。

这个方法不仅适用于职业和人生的规划，还适合在日常生活中的一段时间内提高效率。这个原理其实也是缓解拖延行为的方法之一，内在逻辑是精要主义，学会删除那些不那么重要的事情，减少来回切换导致的拖延行为。

《搞定》的作者戴维·艾伦（David Allen）曾说过一句话："你可以做任何事情，但是不可能同时完成每一件事情（You can do anything, but you can't do everything.）。"花一些时间来弄清楚自己的主要目标是什么，把重点放在那些目标上面，避免浪费时间在其他的事情上，便是提高效率的利器。一定要牢记：想要提高效率，必须有取舍才行。

3.用手账记录自己"说到做到"的小事

在提升行动力时，需要花费非常多的时间去建立自信心。有时候并不是自己设立的目标太高难以达到，而是在向前一路奔跑的时候，遇到了一些困难就慢慢选择退缩了。慢慢地，当放弃的次数越来越多后，敢于坚持和尝试的勇气就越来越少了。

从小到大我并非是一个自信的人，但后来我发现建立自信最好的方式是自我认可和自我鼓励。当我尝试用手账在一段时间内将自己"说到做到"的小事通通都记录下来后，我从内心为自己感到开心。原来自己并没有自己想象中那么不好，自己也能够完成很多以前做不到的事情！自信心也随之建立起来了。

记录的过程分两步：

步骤一：记录自己最近"说到做到"的小事，再小的事都可以，比如按时早睡早起；

步骤二：留意观察在"说到做到"后，自己的心情是如何的，并对应记录下来。

记录这些小事可以帮你清楚地看到自己在一定时间内都做成了哪些事情，帮助自己建立起自信心的同时，也使自己慢慢地变得越来越自律。

4.充分培养自己的目标感

提高效率还有非常重要的一项，就是要充分地培养自己的目标感。

Facebook创始人扎克伯格给哈佛大学2017届毕业生做演讲时，提到一个很重要的核心：有目标感是很重要的。

所谓"目标感"，并不是简单指我们定下的目标，而是在意识上真正地知道自己想要的是什么，并在行动上心无旁骛，朝它靠拢。

目标感强的人做事会有三个关键词：目标、方法、行动；永远处在两种状态：想办法、马上干。不管遇到什么问题，想办法处理自己所遇到的问题。所以，想要判断一个人是否有很强的行动力，只要看他在做得不好的时候，会不会继续做下去，就大概能够知道他的行动力是强还是弱了。其实人人都害怕失败，但行动力强的人，总是会在自己做得不够好的时候继续做下去。

反观目标感差的人，本质上其实不是缺目标，而是无法排除情绪性感受对自己的影响。比如说，只要心情不好或者是有点什么小事，就会严重地影响他的工作和生活。所以，目标感差的人有两个关键词：感受、评价。最典型的表现是经常抱怨身边的人或事，一遇到困难就想放弃。我会谨记这两者的不同，来审视自己是不是一个目标感低的人。

只要是一直向上的状态，可以允许自己偶尔偷一下懒，偶尔拖延一下，但不允许给拖延找借口。我们经常会为自己没有做一件事情找许许多多的理由以证明自己并没有拖延。"不要给失败找理由，要给成功找方法。"我们要有意识地察觉自己的拖延行为，拖延时坦然地承认自己做得不够好，再想办法做得更好就行了。

我很喜欢"make every minute count"这句话，让每一天都算数。手账就是这样一种可以让时间看得见的工具，让我们度过的每一天都算数。

种树最好的时间是十年前，其次是现在。

04

财富管理节流体系

摆脱迷茫：熟练利用根源击破浑噩模型

1.三个终极拷问，助你明晰底层目标

步入社会后，我一直希望能够用手账建立一个比较完整的财富管理体系。从今天开始，让我们与自己的财富做好朋友，并且让它帮助我们实现人生目标吧。

在写手账的过程中，我发现自己时常用手账本和自己对话，这能够帮助我快速成长。对待财富观也是如此，在开始知道如何赚钱之前，必须先问自己几个问题，明晰自己想要赚钱的意义。因为很多人可能只是希望赚钱，却不知道自己赚钱真正的目的是什么。于是，赚了钱之后毫无目的地花掉，然后又继续赚钱，就像《穷爸爸和富爸爸》里老鼠圈的老鼠一样，虽然很努力地不停奔跑，却依然停留在原地。

只有明确自己的目的，再去做自己想要做的事情，才能够事半功倍。

所以，请大家大胆地写下来吧，要有做梦的勇气！

终极拷问：

① 你想要成为什么样的人？

② 你拥有什么样的梦想？

③ 如果让你在自己的墓志铭上，用一句话来描述你的人生，你会写什么？

2.万能的理解层次模型，帮你打造有效的人生策划

在人生中，每一件与我们有重大关系的事情，我们都需要赋予它一些意义，才会更加重视。但是，人生的事情那么多，我们不停歇地去处理它们，就会因为忙碌而变得被动和迷惘。有时候不知道什么应该做，什么才是最重要的；有时候分不清哪些事情是无意义的，哪些事情是对人生有深远影响的。如果我们能够把大部分的时间和精力都放在有深远意义的事情上，日复一日地积累，自然能够活出一个满意的人生。所以，我们需要借助一个不管是在学习、感情中，还是工作中，随时随地都能够用的万能模型——"理解层次模型"，来帮助大家解决人生中的许多事情。

理解层次模型是由罗伯特·迪尔茨（Robert Dilts）原创的重要模型。我会将这个模型放置在自己的大脑中，当遇到较棘手的问题无法解决时，我会将它拿出来帮助自己进行思考。

理解层次模型一共分为六层，从上到下分别是：系统、身份、信念与

价值、能力、行为、环境，每一层所表达的意思是：

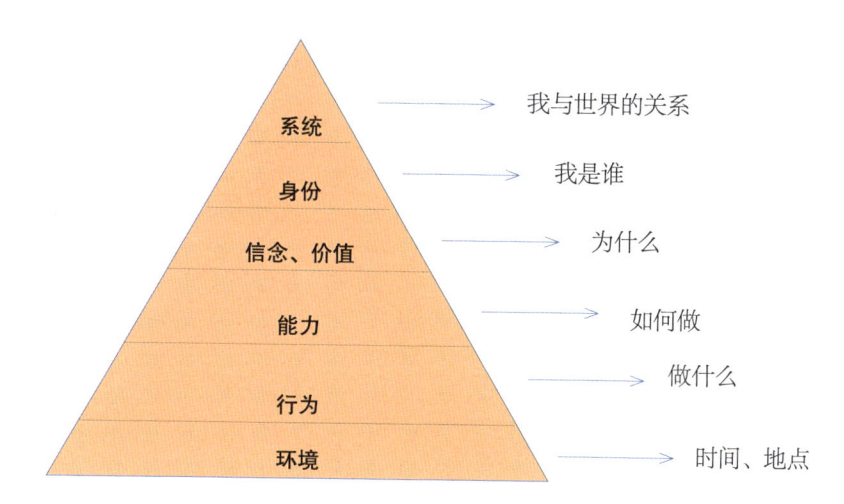

```
         系统     →  我与世界的关系
         身份     →  我是谁
      信念、价值   →  为什么
        能力      →  如何做
        行为      →  做什么
        环境      →  时间、地点
```

系统：自己与世界中各种人、事、物的关系。

身份：自己以什么身份去实现人生的意义。

信念、价值：配合这个身份，我应该有什么样的信念和价值观？

能力：我可以有哪些不同的选择？

行为：在环境中，我们做了什么？

环境：外在的条件和障碍有哪些？

同时还分成上三层、下三层，两者所表达的意思是：

上三层：信念与价值、身份、系统——内在深层需要。

下三层：环境、行为、能力——外在具体表现。

举个例子，我曾经采访过很多对现状不满却苦于无法改变的朋友，他们各自有不同的苦恼，给我的答复大多数是"唉，我没有一个好的原生家庭""人在江湖，身不由己啊""结婚了就没有自由了"等等。不管对于工作还是生活，他们都觉得是自己没有机会改变，受到了外在因素的禁锢而让自己变得不自由。

拥有这种想法的人，都认为如果外在的条件改变了，自己也会变得有所不同。其实这样的想法也只是被困在了"环境"层次上，自己不愿意也不敢打破这样的人生，怕令自己越活越辛苦。大多数人在面临问题的时候，都会从"环境"这一层去思考该如何改变，而很少思考该如何从根源上改变。我们应该从信念与价值、身份、系统这三个层面上进行思考。

对于我个人而言，有价值和快乐的人生是可以通过自己一步步策划来实现的。我将自己曾经尝试过的两种不同的人生策划展示出来，分别是从下至上的无效人生策划和从上至下的有效人生策划。

在我的人生轨迹还没有发生改变之前，我的人生就是根据从下至上的理解层次模型来进行策划的，但经过一段时间的实践后，以失败告终。

我当时整个的心理路程是这样的：

环境

我天天加班，生活枯燥无味，每天公司和家里"两点一线"，加完班回来后，感到身体疲惫，哪还有时间和精力去运动。从最底层的环境开始思考时，其实只是在描述自己的现实情况，并没有跳出"环境"的框架限制，还略带一丝抱怨的情绪。

行为

每天都非常尽力地提高自己的工作效率，只是希望能够少加一些班，多一点生活的时间。

乍一看，这样的行为改变好像也没有什么问题，但此举的本质还是在环境划定的框架中，试图改变行为，以此改变结果。

能力

我去学习更多的职场技能，以应付焦头烂额的现状。

这样的想法，其实还是没有从环境中跳脱出来，只是为了改变而改变，去做一些可能不太喜欢或不怎么情愿做的事情。

信念

学了一段时间的职场技能，似乎还是没能很好地提升自己的能力，于是开始胡思乱想："我总是三天打鱼两天晒网，听了这么多大道理，依旧过不好这一生，世道原来如此艰难啊。"最后干脆就想："算了，还是不要改变了吧，待在舒适区里，当一天和尚撞一天钟，好像也挺开心的。"

身份

要不还是安分地做温水里的青蛙吧，平淡的生活也挺好的。

这就是我在开始改变时，经常会遇到的"死循环"。后来我发现，刚刚开始想要做某些事情时，我总是习惯按照从下往上的"理解层次模型"进行策划。这样即使一开始全力以赴，排除万难，但结果总是遭遇"滑铁卢"。在过程中坚持得很辛苦，而且只要看不到好的结果，就会第一时间选择放弃。当失败和放弃的次数增多以后，慢慢地自己就变成一个不愿意也没有勇气改变的人了。

在吸取了经验教训后，我就尝试按照从上往下的"理解层次模型"来策划自己的人生。

这像是给了我一把打开"生活浑噩无目标"之门的钥匙：不要总是急

着问下一步我要做什么，而是先问自己"我要成为一个什么样的人"。

身份

给自己定下一个时限，问问自己在有限的时间内，想要成为一个样的人。

我给自己制定的目标是在三年内，成为一个充实、自律的自由职业者。我开始想象，当我成为那个充实、自律的自由职业者之后，我会怎么做呢？我开始了天马行空的想象：我已经是一个时间自由的人了，当然要认真地去做一些自己喜欢做的事情才对得起每天来之不易的自由时间！我会多利用这些宝贵的自由时间，去充实自己的大脑，多培养自己的能力，多体验这个世界的所有。想到这里，就会感觉到整个人热血沸腾。

信念

对我来说，什么是最重要的？我应该放弃什么？

以前我从未接触过这个问题，所以每天都会把时间放在一些无意义的娱乐和玩乐上，忽略了自己的学习成长。自从开始思考以后，我发现自己的时间和注意力是最重要的，应该适当地放弃一些浪费时间，并且过后会带来内疚感的娱乐项目，专注在自己的学习成长上。

能力

为了成为自己希望成为的人，我需要掌握什么能力呢？

为了成为自律的自由职业者，需要掌握好最重要的时间和注意力，需要学习一些时间管理、目标管理等技能，这样可以提高我的工作效率，以及合理地安排我的业余生活。

行动

需要做些什么来拥有这样的能力？

行动的第一步是准备一张时间表，写下自己的目标，量化到每一天具体需要做些什么，并设计奖惩制度，来帮助自己成为一个说到做到、不拖延的人。

环境

身边哪些资源能够帮助我达成这个目标？

从人、事、网、书等方面找资源，找寻身边志同道合的朋友，和我一同进步，互相监督；也可以找自己的榜样，用榜样目标法鞭策自己，从榜样身上吸取能量；还可以从网上找寻与这些技能培训相关的课程或者相关书籍等，帮助自己快速达成目标。

当我这样从上往下去策划自己的人生，我脑海里最后的想法就是，现在我要变成这样的人，我要带着什么信念，以及拥有什么能力，要做些什么来获得。搞清楚每一层的正确处理方式，慢慢就能够逃离浑浑噩噩无目标的生活了。

我的人生榜样查理·芒格有一句话，可称作"普世价值"："想得到一样东西，最可靠的方法，就是先使自己配得上它。"就像我们想要拥有美好的肉体，就要想办法让自己配得上它；想要和谐幸福的家庭，就要让自己在各方面都变好，一步步地策划自己的人生，这才是王道。

三大方法：如何用手账帮助自己进行金钱管理

在刚刚开始思考如何建立自己的财富管理体系时，不能盲目地行动，而是要先解决一个终极问题：实现财富自由的目的是什么，或者说，实现财富自由对自己来说，到底意味着什么？

对"财富自由"这个概念，有一种理解是"财富自由，指的是某个人再也不用为了满足生活必需而出售自己的时间了"。我觉得总结得非常准确，一句话就说清楚了我们一生所求的财富自由状态——不再为生活所需出售自己的时间。

财富自由、时间自由、情感自由等，其实某种程度上都是在这些领域能够有一定的自主权，就像"当你重新拿回对时间的自主权"和"总是被时间支配"，完全是不一样的两种生活状态。"不再为生活所需，出售自己的时间"和"总是为了满足生活所需去赚钱"的人生，也一定是完全相反的。

假设实现财富自由是我们的终极目标，想要达成目标，最重要的一步是学会将终极目标进行分解。可以从开源、节流、投资及保障四个方面，将自己的财富更好地收入囊中。确认好这四个行动指南以后，我们就可以借助手账，来督促自己坚持做理财这件事情了！

这四个行动指南分别是：

① 开源——用劳动获取主动收入；

② 节流——保证资金可以细水长流；

③ 投资——用复利获取被动收入；

④ 保障——懂得未雨绸缪，才不会竭泽而渔，凡事要事先做好准备，预防意外发生。

那么，有了行动指南之后，就要踏出第一步——找到进行管理的步骤。

1.剖析自己的财务状况

写财富管理手账的第一步，是要进行财富状况剖析，有三个方面需要盘点：

① 盘点收入支出表；

② 盘点资产负债表；

③ 分析目前的经济状况。

在进行管理之前，我们要学会用两张表来盘点自己的财务状况，分别是收入支出表和资产负债表。因为"当你要到达一个目的地时,一定要先知道自己所在的位置,才能知道未来要走哪条路,要用什么样的交通方式抵达"。在改变之前,认清现状,才能够找对方法进行改变。

通俗地解释一下这些财务概念:

收入支出表

收入,就是进入你兜里、手机里、卡里的钱;

支出,就是从你兜里、手机里、卡里流出的钱。

资产负债表

资产,是个人拥有的任何具有商业价值或交换价值的东西;

负债,是欠他人的款项,且无法在一定时间内偿还的款项。

对于支出表的具体分类,我根据自己日常的花销大致将其分成了几大类,如房租水电、生活用品、学习支出、旅行支出、投资支出、保险支出等。你也可以根据自己的现状灵活添加分类,这都是可以灵活处理的。

我的收入、支出表都是用电子手账手写的,你也可以用Excel等方式进行盘点,收入表的四个分类是收入分类、分类明细、每月收入和年收入。

就我个人而言,在第一列的收入分类中,再次做出了细分,分别是主业收入、副业收入、理财收入和其他收入等;在第二列的分类明细中,将个人的收入渠道根据自己盘点的实际情况再次细分,最后将年收入的总额计算出来,并记住这个数据。

收入支出表

Income Sheet

收入分类	分类明细	Month	Year(元)
① 主业收入	固定工资 项目提成	10000 500	136500
② 副业收入	课程分销收入 稿费收入 广告收入	10000 500 2000	150000
③ 理财收入	股票收入 基金收入 房租收入	0 250 200	5400
④ 其他收入	意外收入 家庭补贴	0 1000	12000
⑤ ……			

Total 24450　303900元

支出表只有三列，分别是支出分类、每月支出和年支出。同理，这六类支出分类是我个人认为现阶段比较需要的，有了孩子的妈妈们，一定还会有一些育婴和教育类的支出，大家可以根据自己的实际情况写进去。盘点一下自己的支出情况，最后也将年支出的总额计算出来。

Expense Sheet

NO	支出分类	Month	Year(元)
①	房租水电	2000	24000
②	生活用品	3000	36000
③	学习支出	500	6000
④	旅行支出	2500	3000
⑤	投资支出	3500	42000
⑥	保险支出	650	7800
	……		

Total 12150　145800元

将收入表总额减去支出表总额，就能够计算出自己的年度结余，对照下面列表的四种状态，进行自我评估和反省：

贫困：收入＜支出，捉襟见肘；

月光：收入＝支出，赚多少花多少；

小康：量入为出，根据收入的多少来定开支的限度；

富余：有大量余额，不担心支出。

你属于哪种状态呢？你希望通过努力达到哪一种状态呢？你可以通过自我评估和反省，进行深刻的自我分析。

除了基本的收入支出表，还有重要的资产负债表。如今的电子支付时代，收入和支付渠道都多了很多，尤其是年轻人，如果不耐心地进行盘点，根本不清楚自己所拥有的资产金额和负债为多少。所以要盘点资产和清楚自己的负债，才不会导致经常陷入财务困境。

资产的分类一般包括流动资产、保险额、股票基金，还有房产等。我设置的资产状况表格有三行，分别是资产分类、金额，还有备注。

资产状况表

单位：万元

资产分类		金额	备注
① 流动资产	现金 微信 支付宝	0.1 3 5	近一个月的生活费
② 保险额	意外险 防癌险 重疾险 医疗险	70 20 80 604	可作投资信用
③ 基金	货币基金 指数基金	2.5 1	
④ 股票		0	
⑤ 房产	自住/投资	5	海外房产位置
⑥ 其他	……		

Total 770.6万元

资产分类中又会进行更加详细的分类，比如流动资产中又包括我们常用的现金、微信支付、支付宝等；一般推荐个人的流动资产要留出3到6个月的生活费，以备不时之需。

在财富管理中，保险是必须配置的，保障资产可以在风险和不幸来临之时，将风险转嫁出去。凡事一定要事先做好准备，预防意外发生。还有可供投资的股票和房产等分类，都可以将这些金额仔细地填写进去，最后计算出总额，方便自己能够迅速地了解自己的资产状况。

负债的分类一般包括：短期负债、长期负债、房贷和车贷等。因为我不是一个愿意负债的人，所以除了偶尔会用花呗支付和每个月要定时还款的房贷以外，基本上无其他的负债了。大概计算一下负债占据自己资产或收入的比例是多少，对自己的负债情况了然于心，也是为了能够给自己一个提醒，减少因为不知道自己的财务状况而乱花钱的风险。

据我多年的观察和了解，发现很多人对待自己的财务状况有三种态度：

第一种，既不记录也不规划，佛系随缘生活的人。生活短时间可能不会出现太大缺口，但是透支了青春提前给自己的额度，导致未来生活出现状况时，没有抵御风险的能力。

第二种，虽然记录了财务流向，但是不进行规划，这样同样也无法有效地改变自己的财务状况。

第三种，做了规划但不记录，常常忘记自己把钱都花在什么地方，最后无法达成自己的目标。

以上三种都不是正向对待理财的态度，我们只有把自己有的、要花的和未来要预支的款项都记录好，盘点好自己的财务状况——让自己更加清楚现状，与我们想要的未来生活进行对标，找到差距，才能够明白需要努力的方向。同时，了解自己的赚钱能力，明确自己的财富目标，对未来的生活进行一步步的规划，我们才能够更加轻松地抵达自己想要去的目的地。所以，在这个过程中，我们也要持续地对个人财富目标进行确认，慢慢往财富自由之路进阶。

2.做短、中、长期的人生计划

在做财富管理的过程中，不可缺少的一环是学会做短、中、长期的人生计划。

短期财富目标：通常指在一年时间内想要实现的目标。

我通常会给自己设置四个基金，分别是：

① 旅行基金

读万卷书，也要行万里路。我计算自己每年出行的频次，大概需要4万元。

② 学习基金

投资自己，才是最好的投资。我每年会根据自己的学习主线来设置学习的项目，包括上课或者买书等支出，给自己的学习基金大概是6000元。

③ 节日基金

我一般会在年初的时候，就将一年或者半年内一定要赠送的礼物基金，按照人物来预算好。比如爸爸妈妈、爱人、重要朋友的生日，父亲母亲节、情人节、纪念日等。然后找某段时间将这些事情都写到自己的日历表中，毕竟与重要人的关系，在重要的日子里进行维护也是非常有必要的。其余专项基金可以根据自己的情况酌情设定。

④ 保障基金

越来越多的年轻人开始购买保险，一旦意外来临，可以有一定抵御风险的能力。最可怕的不是贫穷，而是因病致贫或者因病返贫，所以一定要给自己留有购买保障的基金。

中期财富目标：指在1~5年内想要实现的目标。

比如，我个人的目标是实现边旅行边工作的目标，主要分为个人事业和人生体验两类。

① 个人事业：轻创业，现在是互联网时代，可以做的事情

有很多，但需要投入一些成本，根据我的资产估计，预留出的资金为5年20万以内。

② 人生体验：多去外面的世界旅行，多去做一些非舒适区的事情挑战自我。我预计每年有3次旅行，每年是4万，5年的话大概会花费20万。

我是一个保险意识较强的人，担心会有突发情况出现，会额外准备好5万元备用金，以供不时之需。

长期财富目标：指在5~10年内想要实现的目标。

比如，我个人一直希望能够在33岁之前做好属于家庭的资产配置，通过严格的目标设定，加上世界第八大奇迹"复利"的力量，改变自己的渺小人生。

长期的财富规划，意味着要实现一些较大的理财目标，需要的是契约型的理财产品，一方面会带来长期的复利，另一方面可作为强制性储蓄，以免因及时享乐而冲动消费。

① 理财类配置：社保+商保。社保对于个人来说是非常重要的，商保又包括重疾险、人寿保险、意外保险、年金保险、医疗保险等。我个人也购买了相对大额的年金险，一是为了强制储蓄，二是为了享受长期的复利力量，建立家庭的蓄水池，通过这类投资来获得持续、稳定的被动收入。

② 基金定投：享受周期性的红利，通过长周期固定资金的投入，实现年复利8%~10%，甚至更多的收益。但不懂基金的人

不建议投入。

③ 房产配置：房子作为契约型的产品，是比较好的投资手段。用于自住的话，也算是解决了人生需求。如果在生活中不幸发生了一些意外，也可以通过抵押的方式，来抵御自己所面临的风险。

长期的财富目标，最后都服务于自己的未来，让自己拥有更多的金钱，进行更多的人生体验，给家人带来更多的幸福保障。但要警惕的是：不要忘记自己获取财富的初心，在努力奔向实现长期、中期目标的同时，也要多关注眼前的短期目标，随时调整自己的目标和计划。

在确定好自己的短、中、长期的财富目标之后，要倒推计算出自己每个月需要存多少钱。

① 设置好每个阶段的财富管理目标；
② 大致预估实现人生计划所需的金额；
③ 计算总金额，平均分到每月，即为每月所需存款数。

3.简单一步实现第一桶金的目标

有时候第一桶金不是赚出来的，而是存出来的。不管收入多少，总会有消费升级，不控制地花费，每个月总是会有"月光"的时刻。而且近些年来消费主义盛行，不管是网络还是广告，总是在无声无息地向我们的大脑植入一个信息：为了更美好的生活，这件商品你一定要买。但我们可以有意识地让自己避免掉入"消费主义"的陷阱里,确立财富自由的目标,再做好短、中、长期的计划,最后学习控制和记录自己的金钱流向,慢慢积攒自己的第一桶金。但一定要注意的是,开源和节流两者并不是相对的,两者结合起来,才能够让自己的生活过得更好。

养成记录金钱流向的习惯,就是实现财务自由的第一步。因为,记录现金流向,即把每天的金钱开销记录在手账本上,我们就能够发现哪些是必须支出的,哪些是冲动消费可以削减的,哪些是真正做到了提高生活品质的。对细枝末节都了然于心,明白自己的消费习惯后,才能够从根本上真正达到节流的目的。

记账的方式,我最喜欢用简单的"记账三分法"。但在开始记账前,要先了解一个很重要的"每周预算"计算公式。

"每周预算"计算公式,需要按照四个步骤进行计算:

① 刚性收入,是指固定收入,比如你的工资和奖金等,一般按照法定薪资13个月计算。

② 每年可支配费用=刚性收入-财务梦想所需之钱。

财务梦想所需之钱,这个数字在前面计算短期的财富目标时就已经计算好了,只要减去即可。

③ 每月预算=每年可支配的费用/12,具体到每月的预算金额。

④ 每周预算=(每月预算-当月生活必需费用)/4。

计算出每个月的"生活必需费用"非常重要,生活必需品费用往往是生活必需品的开销，是不能够节省的。不然，如果没有稍加控制的话，很有可能在月中或者月末要使用的时候，就财务告急了。扣除以后，我们就可以拿着余下的钱去花费，可以极大程度地解放我们的脑容量了。

我是这样计算自己每周的预算金额的：

每年可支配费用=刚性收入—财务梦想所需之钱

假设我一个月刚性收入是10500元，乘以13个月的话，那一年就有13.6万元，减去短期目标所需的5.5万元（每年为四个基金大概会预留出5.5万元），就等于每年可支配费用有8.1万元。

每月预算=每年可支配费用的8.1万/12=6750元

假设我的生活必需费用是房租+交通费，一共所需2750元，那么我每月的预算，就剩下了4000元，之后就可以就将剩余的费用归类于生活费用、购物费用和娱乐费用中。

每周预算=每月预算/4=1000元

最后，算出每周的可用预算是1000元，可以作为大脑的一条警戒线，在花销的时候注意不要超过警戒线。

我习惯用电子手账进行记账，好处是可以随时修改及随时查看。

第一步，先将每周预算写下来，比如我的可用金额为1000元，如果发现开支经常超过可用金额，首先要找找原因。如果发觉无法降低使用的金额，或许需要思考在哪些方面还可以增加收入等。

第二步，将每日记账的格式提前设计好，可将其分成三栏，分别是日期、分类+金额、合计+反思，每日将对应的金额按照格式进行填写即可。

在记录的过程中，最重要的其实是"一句话反思"的设计，可以对一天的花费进行总结，是否有乱花钱，或是一些小细节之类的。这句话看似很渺小不重要，但它是让我得以坚持记账的好帮手。

我之前也试过用记账App进行记账，但一直都无法坚持下来。后来发现，如果不记录当天消费时的内心活动和感觉，我很难回忆起那天我做了什么，为什么要花这笔钱等。完全不记得花这笔钱时的感受，便显得愈加枯燥无味，有时候干脆忘记了，到最后就不了了之了。记录下当时花钱的心情，有助于坚持记账。

第三步，翻看每天的记账金额，进行每周总结，写下要注意的小贴士。所有的复盘总结，都是为了下一次能够做得更好，尤其是不起眼的小贴士，可以起到警示自己的作用。下一次，不管是在购物还是在饮食方面，想起上周写过的小贴士，还是能够起到一定节制作用的。

犹记得自己在初入社会的前两年，每个月都是"月光"的状态，让我深知金钱的缺乏给人带来的不安感。后来通过学习到的理财知识，我将手账这个工具运用到生活中，慢慢改变了生活窘迫的困境。

终极秘诀：真正让你致富的简单诀窍

当你发现自己的收入其实也不算太低，但总是不知道为什么存不下来钱时，就要停下来思考，是否陷入"棘轮效应"了。"棘轮效应"是经济学上的一个概念，通俗点理解是指人的消费习惯形成之后，有不可逆性，即易于向上调整，而难于向下调整。

在生活中，习惯了大手大脚花钱以后，就很难再习惯节俭的生活。这样会面临比较大的风险，比如说原本工资较高，而消费也不断升级，但因为意外收入降低，缩减开支就会变得很难。司马光曾经说过一句话："由俭入奢易，由奢入俭难。"

所以千万不要让自己陷入这种困境，那么如何才能够破除这种"棘轮效应"呢？

对于年轻一代来说，最容易实现的，其实是强制储蓄。想获得财富自由，我们的被动收入就要大于我们的支出，最好是有一个源源不断的蓄水池。每个月可以根据自己的资金能力，能储蓄多少就储蓄多少，养成固定的储蓄习惯。

真正能够让你慢慢致富的，往往不是你的收入，而是你的储蓄。这个"储蓄"，不是说一定要把钱存放在银行里，而是先让自己获得积极的现金流。简单的第一桶金，便能成为人生的"小金鹅"，利用一些投资手段，如定投、理财产品等，把"金鹅"越养越大，便能够源源不断地下"金蛋"。

05

财富管理开源体系

赚钱的逻辑：破除没钱没人脉的咒语

1.赚钱逻辑的万能公式

我第一次想通赚钱的逻辑是2016年第一次在微信群上开讲一堂手账的微课，报名费是9.9元，短短几天内就有500人报名。慢慢地，我发现自己拥有了额外可以增加收入的途径。

之后我开始对这件事进行复盘：

——我有什么？

我有能够帮助大家学习手账知识的技能。目的是明确自己在哪个地方需要投入成本。

——我可以提供给谁？

我可以提供给对手账感兴趣，并且想要利用手账进行自我管理的人。

目的是为了分析自己的客户群体。

——如何赚取收益？

付出一些时间成本制作课程，以及分享手账知识，当收入大于成本时，便能慢慢地获得收益。

当我把"赚钱逻辑"套进去之后，并且循环投入，发现竟然能够像滚雪球一样，越滚越大。后来，我发现自己复盘的过程很符合我的"个人商业画布"中规划的过程。下面我就来讲一下"个人商业画布"。

2.个人商业画布的九大核心要素

商业画布是从商业模式中演变而来的。企业的商业模式，也就是创业者的创业思路，比如企业用什么途径或方式来赚钱，能做到自给自足或者是盈余。因此，借助它，有利于我们拔高思维高度，去思考策略层面的事情，而不是长久地陷在犹豫和抱怨的圈子里，烦恼于"我到底该选择什么工作"或者"什么时候才能够加薪"。

商业模式同样适用于个人，通过填写自己的个人商业画布，可以帮助我们思考职业状态、选择和人生规划，调整并重建自己的职业和工作生活。

个人商业画布一共有九大要素，每个要素都标了序号，这个序号也代表我们在填写画布时的思考和填写顺序。

要素一——核心资源：我是谁，我有什么。

我是谁，主要包括性格、价值观；我有什么，主要包括兴趣、知识、技能、能力。

在核心资源这个框内，尽可能把你有的能力全部列出来。这些能力，必须能够描述你这个人，并且还要能够把你与他人区分开来。一般情况下，在总结自身资源的时候，你会发现性格与价值观属于内心最深层的一面，它们需要你不断自我反思，甚至是在发生一些冲突的时候，你才能真正体会到这些资源是什么。

关于核心资源的部分，可以从以下四个方面入手进行思考：

① 兴趣——将你感兴趣的事情都一一列举出来。

兴趣是第一生产力，一个人在做自己热爱的事情时是发光的，而且也能够感染别人。大家务必要思量一下，自己最喜欢做的事情是什么，开始从根源上把握好自己的人生。

② 知识——盘点自己的知识库，你考过的证书、你的专业、你看过的书等等，都可以一一列举出来。

③ 技能——技能部分主要适用于某个领域的技能，如英语、编程、平面设计、视频剪辑、插画等，都可以盘点进去。

④ 能力——多是我们平时常常需要用到的通用能力，如沟通能力、演讲能力、写作能力，甚至是学习能力等。

核心资源格外重要，因为它就像一座房子的地基，打好地基后，才能够进行下一步建造。

要素二——关键业务：我要做什么。

关键业务是很重要的一环，知道自己是谁，有什么核心资源后，就要明确自己要做的具体事情。如果有职业目标，就将职业目标写进去，比如你想成为市场经理，或是某个领域的KOL等；如果没有理想的职业目标，就思考一下你最想达到的工作状态。

要素三——客户群体：我能帮助谁。

把在职业和生活中你能够帮助的客户群体罗列出来，他们就是你未来的潜在用户。他们或许不仅限于一类人，客户群体可多做尝试。

要素四——价值服务：你为客户群体提供的价值是什么。

举个例子，我们喜欢去理发店洗头，是因为他们能够给我们提供洗头和按摩及吹造型的服务，这是理发店给客户提供的价值。作为个人，也需要有自己的价值定位。

要素五——渠道通路：怎样宣传自己，交付服务。

在自媒体时代中，宣传与交付服务其实可以一步到位。宣传个人价值可以通过写文章，发布在各种社交平台上，当别人认可你的价值后，交付服务也就随之实现了。

要素六——客户关系：怎样和对方打交道。

如何跟客户打交道、处理好跟客户的关系，也是十分重要的。比如，很多互联网公司通过社群来建立跟用户的联系；销售人员则会通过跟客户一起吃饭、聊天来建立良好的合作关系。

要素七——重要合作伙伴：谁可以帮我呢？

这个世界上，成功的人一定不是单打独斗出来的。要找到一些可以为你提供资源的朋友或者导师，但有一点真的很重要，不要只想着如何索取，同时也要学会给予，如此才能够做到互利共赢。

要素八——收入来源：你获得的收获。

这里的收入是广义的概念，包括物质回报和非物质回报。其中物质回报包括薪酬、福利和创业利润等。非物质回报则包括环境氛围、发展机会、成就感、满足感等。

要素九——成本结构：你为这份职业需要付出什么。

我一直相信，这个世界是守恒的。想要得到些什么，就必须付出些什么。你需要付出时间、金钱、机会和人际关系成本，以及时常会被遗忘的机会成本。

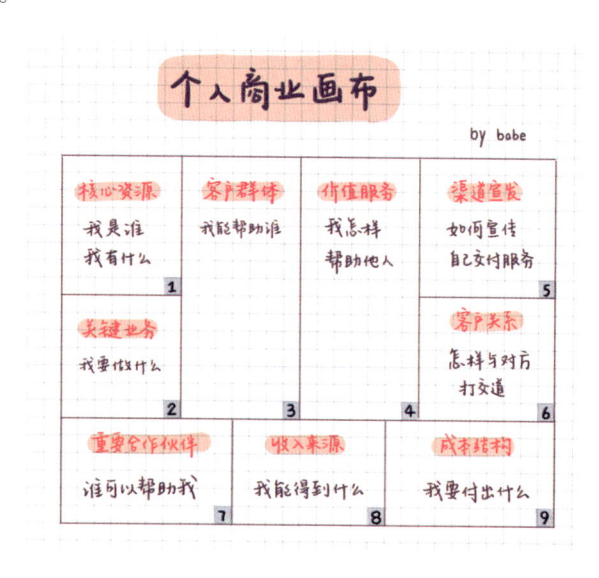

第一次使用个人商业画布时，可能会感觉比较复杂，但如果耐心一

点，将每个要素都梳理清楚以后，对自己的职业和个人未来发展，都会有非常大的帮助。这个画布不仅仅是规划工具，还可以作为诊断工具来使用，用它来诊断当前的个人发展状态，从而为后期的发展奠定基础。因此，我在自由职业初期，个人商业画布写得比较简单，我通过此画布分析了各个要素与我目前想要做的职业是否匹配，并寻找其中的差距和需要努力的方向。

当我完全明白了赚钱的商业逻辑以后，就将它运用到了自己的职业和生活中，一点点地用行动做出改变，充分拓宽了自己的金钱管道。

开通管道：构建 1+N 个管道

1.学会建立属于自己的金钱管道

我的金钱管道拓展之旅，始于在一天午后读到的一个小故事——管道的故事。

在很久以前，有两个年轻人，他们是堂兄弟，也是很要好的小伙伴，一个叫帕保罗，一个叫布鲁诺。他们都有自己的梦想，希望有一天能成为村子里最富有的人。他们都很聪明、勤奋，也一直在寻找能够实现梦想的机会。后来有了一个机会，村长雇他们两个人把山上的泉水运到村子里，报酬按照运水的数量计算。于是，两人拿起桶开始了辛勤的工作。

一天结束了，他们都各自领了工钱。布鲁诺开心地大喊："我们的梦想终于要实现了！"腰酸背痛的帕保罗却不想每天做相同的工作，这么辛苦，所以他发誓要想出更好的办法。终于有一天，他想到了修建管道运水的方法，这样就不用一桶一桶地拎了。

之后帕保罗很激动地去和布鲁诺谈论并邀请他一起修建管道，布鲁诺却觉得他这是异想天开。现在这样每天都可以赚钱，很快就可以买奶牛、盖新房子，建管道会浪费他赚钱的时间，推迟他梦想的实现。布鲁诺换了更大的桶，每天拎的次数也增加了，他确信这样可以赚更多的钱。

帕保罗开始一个人建管道，一天，一个月，他的工钱越来越少，成效也很低。他的好朋友劝告他，村子里的人嘲笑他太愚蠢，放弃了能够拥有现钱的机会。但他不为所动，仍坚持自己的想法。

两年以后，他的管道建成了，他不再需要用水桶把水拎回村子，不管他睡觉时还是吃饭时都可以通过管道把水运回来，他成了村子里的首富。而他的好朋友布鲁诺因为常年累月地劳累，背渐渐驼了，身体也越来越差了，等他再也没有力气拎水的时候，也就没有了收入。

帕保罗凭借他的才智，想到了更好更快的赚钱方式，更凭借他的毅力坚持完成了这个目标，最终实现了他的梦想。

其实帕保罗和布鲁诺的例子，在现实生活当中也有很多。布鲁诺是选择把自己的大多数时间，都用在现有的工作上，是通过每天的工作时间来换取金钱的那一类人，但也会因此而面临巨大的风险——当我们个人不能再用时间来换取金钱时，金钱的水流也就被切断了。帕保罗却是敢于突破现状，用自己的创新和坚韧开辟了一个新的金钱管道，使源源不断的财富流进自己的财富池里。

我突然意识到，想要建立属于自己的金钱管道，就一定要敢于打破现状和跳出舒适区，要找到自己的个人特色，不断地拓宽自己的金钱管道。

在个人商业画布的帮助下，我能够清楚自己所拥有的核心资源和行动方向，始终保持对目标的渴望和热忱，一步步地朝着自己的梦想前进。

2.我的1+N个赚钱管道经历

对于我来说，个人特色就是"用手账进行自我管理"，使用手账这门工具，令我的人生发生了翻天覆地的变化。但在国内，手账还算是一个相对小众的爱好。在决定将爱好作为事业之前，我只是把手账当作一门"消费型爱好"。机缘巧合下，才发现原来自己的优势可以变成一门"生产型爱好"。

而后我开始复盘自己在这几年内，是如何一步步慢慢地打通金钱管道的。从最初到如今，其实我都一直在构建属于自己的1+N金钱管道。

"1"是指工作8小时内获得的工作报酬，也是大部分人都比较固定的一个金钱管道，比如我们父母老一辈可能只依靠一份工作的收入。

"N"是指除了1以外的其他任何可能性。想要探索N的可能性，首先一定要打破自己思维的限制，去尝试其他的开源管道。

我个人也在这几年来，从刚开始工作时只有"一元"的收入，到现在拥有"六元"的收入，不断地打开拓展管道的数量，也是因为不断地探索，让我的人生有了更多的可能性。就我自身情况来说，除了工作收入，可以试着打开的开源管道大概有六种。

——副业收入：指售卖自己的业余时间，将"消费型爱好"变成"生产型爱好"，从而获得报酬。消费型爱好以消费有价值的事情为基础，而生产型爱好则是以产出价值为基础。

比如说"写手账"这个行为，原本只是一种消费型爱好，因为它能让人感到开心，但也需要花费一些金钱进行投资。如果想要将它变成收入的一部分，就要让"写手账"这件事情变得有价值产出，写手账教程或拍摄视频等就是有价值的产出。

——创业收入：创立公司后，通过赚取利润获得营收。

互联网"创业"其实很广泛，不一定要有实体公司。现在的大趋势是社交新零售或轻创业，很多人通过开一些店铺，也能够赚取利润。比如我自己一直非常喜欢文具，于是我尝试找朋友在德国代购手账本和钢笔，以此开了一间小店，也能够赚取一些利润。有轻创业念头的小伙伴，也可以打通这个管道，自己家里如果有一些特产或者是能够找到好的商品货源，也可以进行买卖，这也是一部分的利润来源。

——理财收入：钱生钱，利用复利的力量赚取利润。

为了资产的保值或升值，掌握一定的理财知识，合理理财，可以从中获得一些收益。我的理财方式遵循的是价值投资的方式，选择一些被低估的基金和股票，长期持有即可。初学者刚刚步入理财大门时，可以从每个月定投500元开始，假如持有20年，收益率能够达到10%，总金额会高达几十万。每个月坚持从收入中拿出500元进行理财，也是有规律地强制自己存下一笔钱。

——合作收入：资源整合能力，与在线教育机构合作开设课程。

当我拥有了手账这门技能，同时也利用手账这个工具，让自己变得越来越好时，慢慢地就有人在网络上关注我，也有一些平台邀请我一起合作开设手账课程，达到互利共赢。

——广告收入：广告主投放广告。

作为一个小小的手账博主，也会得到一些广告主的邀请，在社交媒体中投放广告，如微博、朋友圈、微信公众号、小红书等。我可以自行选择是否接受推广，偶尔也能够赚取一些推广费用。

——分销收入：互联网萌生出来的新的赚钱管道。

这一部分也是知识付费中萌生出来的新开源管道。许多在线课程或者一些商品都是可以分销的，只要有人通过你的链接进行了购买，就会有一小部分的分成，这其实也是一种开源方式。

在打通了这六条开源管道后，我不仅获得了财务上的回报，还获得了精神上的鼓舞。在开源的道路上要踏实走好每一步，需要耗费不少精力，才能够将每一件事做好。

如果你也希望能够慢慢地开始构建自己的管道，可以从以下三步进行计划：

① 写出自己的个人商业画布；
② 罗列目前你最可能建立的2—3个管道；
③ 配合理解层次理论，写出你详细的行动计划。

写出个人商业画布后，将自己的现状与画布中的"核心资源"进行匹配，我罗列了自己最可能建立的三条管道，并分析出如果想要实现目标，应该拥有什么样的能力。

在做新媒体运营工作时，我认为自己可以打通的第一条管道是副业收入，可以兼职当一个手账博主，但需要加强个人的几项能力：文案能力、销售能力、摄影能力等。

① 文案能力：在社交媒体推广产品时，非常需要能突出产品的特点、打动他人的文案。
② 销售能力：与文案能力息息相关，在别人咨询的时候，

也要清楚如何回复能够更快地成交。

③ 摄影能力：美图更加容易吸引他人的眼球，每个人都向往美好的东西。

第二条管道是理财收入，需要加强个人的学习能力、抗压能力和总结能力。

① 学习能力：学习基础的理财知识。

② 抗压能力：理财也会有一定的风险，一定要学会评估自己的心理承受能力，如果自己是一个相对保守的人，那就需要选择一些低风险、低收益的理财产品。

③ 总结能力：在进行这一系列操作以后，需要总结一下自己在投资理财时踩的坑和做得好的地方，这样才能进步。

第三条管道是寻求资源，进行合作。

如果有一些个人专长，并且演讲能力还不错，可以尝试找到一些课程平台来寻求合作。

N的可能性非常多，每个人都有不同的优势，要学会先利用个人商业画布分析自身的优势，然后再列出最有可能构建的管道，根据从上往下的"理解层次模型"的方式做出计划。

滚雪球效应：让收入指数型增长的秘诀

1.滚雪球的核心关键要素

当我们打通了属于自己的管道后，或许需要想办法让小小的管道变成一条条河流。

股神巴菲特曾经说过一句很著名的话："人生就像滚雪球，关键是找到湿湿的雪和长长的坡。"滚雪球的核心要素就是湿湿的雪、长长的坡。湿湿的雪是指我们自身需要有能力，长长的坡是指要找到对的道路和方向。

2.如何能够让收入呈指数型增长？

找到了自身的能力，以及对的方向后，我们可以持续地锻炼和精进自

己，持续地投入时间和精力，培养自己的四种能力：

专业度——进行深度学习，高速迭代。

当你拥有一项能力之后，切勿沾沾自喜，而是需要进行深度学习。我常常会抱着一定要超越昨天的自己的心态去做一件事情，这或许也是我能不断进步的原因。

体验感——本质是不同，多做一点点。

不管是针对个人还是公司，做出差异化是很重要的一环。比如，同样是理发店，如果其中一个店多了一项免费按摩肩颈服务，而其他店没有的话，本质上就是不同，体验感会更好。体验感好的品牌更让人喜欢。

品牌力和利用资源，借助平台或内容扩大影响力，并与平台互帮互助。

诸葛亮凭借几条草船成功向曹操"借箭"，正因为有了东风，草船才借成了箭。

当自己有了很不错的专业度及不错的体验感后，就需要借助平台或内容来扩大自己的影响力，与平台互帮互助。比如找其他平台推广进行分成，批发售出自己的产品或时间，这个时候就能收获到比自己单枪匹马的时候更多的资源。

我个人的收入呈指数型增长的过程，其实也是通过这四点做到的：

① 专业度——刚开始学习自我管理和手账使用，我每天会

投入至少6小时的刻意学习时间，并进行一万分钟的专注挑战。

② 体验感——市面上的课程可能有很多，要做出差异化，并用自己的行动带领大家一起成长更重要。

③ 品牌力——与一些品牌进行联合，多结合线上分享加上线下分享的模式，撰写文章和制作教程等，经营自己在手账领域的个人品牌。

④ 利用资源——与在线教育平台进行合作，我负责写出课程内容，平台负责推广等，批量售出自己的时间。

3.学生党面对开源，该做好什么样的准备？

大学生一般是属于没有收入的状态，虽然也会有一部分学生通过兼职换取一些收入，但大部分学生可能都没有开源的思维，觉得自己距离赚钱还挺远的，至少要等到毕业后才会开始想这个问题。但越早开始改变思维，对未来进入社会的帮助越大。

在面对开源之前，可以做好这样的准备：

要打好专业基础。

大学最重要的一件事情，就是打好专业基础。把自己应该做的事情做到最好，也是对自己负责任，哪怕自己不是真的那么喜欢。

多学习不同学科的知识。

大学是最自由且时间最充足的几年，工作后就不会再有这么多能够自由支配的时间了。所以在打好专业基础之余，可以看看课外书，了解一些其他学科，如心理学、经济学等的知识，提前积累未来的资本。

踏出自己的圈层，想想自己能够为别人提供什么价值。

我的大学时光经常在宿舍度过，浪费了很多的光阴。其实可以尝试走出自己的舒适圈，看看别人都在思考些什么，不管是网上的还是现实中的，我们都可以想想自己能够为别人提供什么价值，助人助己。

挖掘自己的核心资源。

多问问自己感兴趣的工作方式是什么，然后慢慢尝试找到自己喜欢的方向。一定要往正能量的方向去影响身边的人，让自己变得积极上进，是对学生时代最好的答卷。

"生活在一个提桶的世界里，只有一小部分人敢做建立管道的梦。"这也是为什么全世界80%的财富掌握在20%的人手里。大部分人都不敢踏出自己的舒适区，生怕会失去什么。但是，我们生来就一无所有，又有什么怕失去的呢？

06

多元兴趣管理体系

区分兴趣：你的兴趣是伪兴趣还是真兴趣？

每个人基本上都会有属于自己的兴趣爱好，如果静下心来细数一下自己的兴趣爱好，结果可能会让你感到很惊讶。很多人常常在微博上私信我说："觉得自己有非常多的爱好，但时间又非常有限，没有办法可以让自己尝试这么多的兴趣爱好，在两者都不愿意将就的时候，该怎么办呢？"

《再见！不联络》这部电影里有一句很经典的话："我们往往高估十年后能做的事，却忽略了一年内能做的事情。"造成这种情况的本质原因是大家在做事时总是不太了解自己。

比如，小时候写命题作文《我有一个梦想》，希望自己长大后能够成为科学家、飞行员，等到18岁时认为28岁能够实现梦想。一年又一年过去了，不知为什么就过上了一地鸡毛的生活，慢慢地就向自己的生活投降了。

或许很多人都希望能够让自己的世界多元一点、有趣一点，却苦于没有太多的方法。其实有一点是每个人都可以做到的，那就是认真享受自己的生活，且让自己的兴趣变得更加多元一些。当然，一定会有人在这一辈子中，只专注于一个兴趣研究下去。每个人的人生都是自己选择的结果，选择后就要专注地行动，并从中寻找快乐。如果现阶段的你也拥有许多兴趣爱好，却不知道如何才能够增加自己的人生机会，或许可以像我一样，建立起一个多元兴趣管理的手账体系。

在建立体系之前，依旧要先明确自己的现状，然后才能够对症下药地建立。可以在内心问自己三个问题，并在手账本上记录自己的答案。

① 你有什么兴趣爱好呢？请尽可能地罗列出来。

② 你希望将自己的兴趣变成工作吗？如果不希望的话，原因是什么呢？

③ 你有能力把它变成你的工作吗？如果还没有能力，你缺乏的是什么呢？

做任何事情之前先认清自己，做事才能够事半功倍。

1.利用兴趣金字塔帮助你区分真伪兴趣

一提起兴趣，很多人会说"我对跑步感兴趣""我对美食感兴趣""我对手账感兴趣"等类似的话，当然也会有人说"我对写文章不感兴趣""我对旅游不感兴趣"等。有时候，拥有同样的生活经历或状态的人，可能也会对不同的事情感兴趣。兴趣是人类主观上的东西，它是推动自我去认识事物、探求事物的一个重要动机。爱因斯坦曾说过一句话：

"兴趣是最好的老师。"实践证明，兴趣也确实是一个人学习和生活中最为活跃的因素，它或许是促使我们在某个领域追求成功的驱动力。

在日常生活中，我其实对"兴趣"这个概念的界定比较模糊，直到我看到了新精英生涯创始人古典老师的书《拆掉思维里的墙》，书中很明确地将兴趣分成三个层级：感官兴趣、自觉兴趣、志趣。

① 感官兴趣，是通过直观的感官刺激产生的兴趣。

比如，当你看到一幅你喜欢的画的时候，你很自然地就会被吸引住。这些基于感官刺激的兴趣就属于感官兴趣，有点类似我们刷社交媒体，刷的时候感觉特别爽，但之后并没能在大脑里留下什么印象。

② 自觉兴趣，是将情绪参与其中，将兴趣从感官推向思维，由此产生更加持久的兴趣。

比如说，你看到一幅画超级好看，你对这幅画是怎么画出来的也很感兴趣，甚至去学习，最后培养出一项画画的技能。自觉兴趣就是随着思维的加入，可以让自我的兴趣更加持久并固定在一个领域，从而产生能力的一种兴趣类型。

③ 志趣，是把自觉兴趣通过学习变成能力，通过能力再获得价值。

志趣其实已经不仅仅是兴趣了，它已然成为我们个人的一种核心竞争力。比如，与寿司相关的事情，就能够衍生出三种不同的志趣层级。喜欢吃寿司只是一个人的感官兴趣，日料厨师喜欢做寿司是一种自觉兴趣，但像寿司之神小野二郎，他的一生只专注于做寿司，达到了匠人精神的级别。这种世界级的高手就是在自觉兴趣之上，发展出一种强大而持续的兴趣。

在提高兴趣的过程中，我们首先要明确地知道自己有什么，愿望是否强烈，以及自我的能力是否足以让自己发展成为一个"一专多能"的跨界人才。有一类人总是能够凭借自己的兴趣和学习力，去学习一些非专业的东西，接触许多不同的知识并运用到生活中，还能够以此获得一些额外的经济回报。

借助兴趣金字塔，便可以区分出自己的伪兴趣和真兴趣。比如，吃喝玩乐这种符合人类天性的行为，属于消费型爱好，严格来说，消费型爱好属于感官兴趣，它不能算是真正的兴趣。想要筛选自己的伪兴趣，首先就要学会付出时间去学习知识，以及研究其中的门道，这样才能够慢慢演变成自觉兴趣。将感官兴趣变成自觉兴趣后，是代表你愿意为这件事情付出时间、精力与金钱，并且愿意将消费型爱好变成一种生产型爱好。在兴趣金字塔顶端的是"志趣"，它是一种自发性的学习，希望能够将自己的爱好发展成事业。

我自己有亲身的经历，从一开始喜欢写手账这个感官兴趣到愿意花更多的时间和精力去研究如何写才能够更加高效和快乐，感官兴趣慢慢地就演变成自觉兴趣。最后希望能够将其发展成为自己的事业，慢慢地变成自己的志趣。

那么如何才能知道，一个兴趣是否是自己真正的兴趣呢？只有你付出时间、精力后，并且感受自己的心情，才会真正地明白这件事情到底是不是自己想要做的。而且真正的兴趣时常容易让人进入心流时间，它也会比一般的爱好更容易让人做出相对好的成绩，让我们所做的一切变得更有价值。这也是"伪兴趣"和"真兴趣"的区别。

2.如何才能找到培养兴趣的路径？

"兴趣金字塔"让我们了解到兴趣的发展路径：感官兴趣——自觉兴趣——志趣。

时常会有人为"不知道自己喜欢什么"而感到苦恼。于是，我总结了自己的兴趣培养路径，其实只有简单的三步：

① 多方位试错，发现兴趣。

在我们年轻的时候，总是感觉前路一片迷茫，就像走到了一个十字路口，不知道要往哪儿走。但在原地苦苦纠结对我们要去那个地方这件事一点儿帮助也没有，倒不如踏出脚下的第一步，去看看第一条路适不适合自己。不适合就再尝试另外一条路，永远不要害怕走错路。因为走错路，是为了找到对的方向。多方位尝试，让自己沉浸在足够的感官体验中，慢慢去发现自己喜欢的事情。所以，尝试去做，是获得感官兴趣的最直接方式。

② 搜索学习资源，掌握更多的知识。

在试错后找到自己的感官兴趣，然后尽早搜索关于这个兴趣的学习资源，尽可能掌握更多的知识，为自己的自觉兴趣进化打好坚实的基础，让自己的感官兴趣进化到自觉兴趣。

③尝试找到兴趣对于你的生活和工作的意义。

人生最快乐的事情，莫过于将自己的兴趣爱好变成自己的事业，乐此不疲地做这件事情，不仅能够给自己带来成就感，也能够带来一些幸福感。

3.巧用清单的三个维度，助你找到兴趣事业

如果希望将自己的兴趣变成事业，还需要让自己的兴趣本身得到价值提升。如果兴趣只是消费型的爱好，那是完全没有办法带来一定的价值提升的。所以，当你的愿望足够强烈时，就需要带着较强的目的去判断，目前的兴趣是否足以让你在成长的过程中逐步提升，可以用以下三个评判标准来思考：

①能够成为事业的兴趣，必须是内心喜欢做且愿意花时间去做的；

②这个兴趣能够得到正面的回馈，这样才能够有动力激励自己往前走；

③对未来的事业有一定的积累效应。

比如我自己的兴趣爱好——手账。首先，它一定是我内心喜欢的，并且非常愿意花时间去做的；其次，我每次发到网络上，或者是展示给大家

看，都会得到一些比较正面的回馈，让我更加喜欢做这件事；最后，经过持续的作品输出和个人的努力，对我以后的工作转型和自由职业的发展都有比较好的积累效应。所以，在你还犹豫要不要将自己的兴趣发展成爱好时，可以对自己目前的兴趣进行自我检测。

对于兴趣比较多又都不算太精通，而且远远不足以成为事业的人，就需要不断地记录和行动。手账是一个很好的帮手。如果平时会记录每个不同兴趣的投入，你就能够非常清晰地知道，哪个会是更加有可能发展成为事业的兴趣。

如果之前没有记录怎么办？没关系，可以从今天开始记录，找出自己的最优兴趣，慢慢培养成未来事业的种子。

列出你的"兴趣事业"清单。

这个清单一共分成六列，分别是兴趣爱好、时间、金钱、喜悦感、总和及排序。

兴趣爱好那一列，可以把自己目前比较感兴趣的爱好都罗列出来，就像我自己写下来的手账、摄影、写作。

关于时间、金钱和喜悦感，需要进行自我提问后，得到一个并不那么精确却有参考价值的数值。

① 时间：指的是你真实投入每个兴趣的时间比例，可以借助Forest App来记录。每次学习或者实践这个兴趣爱好时，就打开手机开始计算时间，之后填入表中。

② 金钱：你愿意为这个兴趣爱好投入多少金钱？比如要配

置一些装备，或者花钱上一些课程等等。

③ 喜悦感：你在做这件事的时候，内心的喜悦程度是如何的呢？

清单总分为10分，你给自己的每一项打多少分呢？
比如我个人的兴趣事业清单是这样排序的：

兴趣爱好	时间	金钱	喜悦感	总和	排序
手账	4	4	4	12	1
摄影	3	4	3	10	2
写作	3	2	3	8	3
总和	10	10	10	30	

根据总和及排序，就能够轻易地知道现阶段对我来说，兴趣的排序依次是手账、摄影、写作。通过这个方法，我就很清晰地明白自己正在尝试的一些兴趣的重要程度，也知道自己应该将时间和精力持续投入排序第一的兴趣上。

找到价值兴趣之间的"套路"，融会贯通。

很多时候，我们喜欢的东西大都是类似的。比如我喜欢的手账、摄影和写作，它们其实有一个共同的特点，叫作"表达"。手账和摄影都是我想要表达的对生活的热爱和对美的向往，写作则是我感官所体会到的美，通过大脑的思考用文字表达出来。

如果我能够将这些爱好做出一些成就，那么在下一次尝试其他兴趣的时候，我也可以思考以下问题：

① 这个兴趣与我之前的兴趣是否有共同点？

② 同样的做法我还可以用在什么地方？

③ 我有哪些资源和能力可以迁移？

……

我们在一开始做一件事的时候，就要有意识地寻找事物与事物之间的联系，并且找出成就这件事的"套路"，因为高手总是有意识地将过去的经验总结成后人可复制的"套路"。所以要不断地对自己发问，找到事物之间的规律，就不会觉得那么难了。

将你的精力投入到总和最高的兴趣上。

我觉得自己做得比较好的一点是，全力以赴做眼前的事，但还留出一点精力去探索人生的边界。时间和精力都是有限的，我们要学会全力聚焦和耕耘，才能够显著地提高做成一件事情的概率，尤其是在找到兴趣的最初期，切记不能浮躁不能急。另外，也要不断开始新的尝试和探索，才能不断地探索自己的人生边界。

我喜欢给自己留下一点点向外探的触角，保持对外界的好奇心，不能被现有的知识体系和现有的兴趣给困住了。唯有这样，才能够训练自己的敏锐度，同时也要勇敢地允许自己有试错的机会，这样你才会知道自己真正想要的是什么。人生的边界就是不断地踏出一步又一步，而一旦你踏出了第一步，就会形成正向循环，自己的人生边界也会不断扩大。

以上是我个人在探索兴趣时，让自己的事业也同样得到提升的小方法。

总的来说，需要区分出自己的"真兴趣"和"伪兴趣"。在这个过程中，要勇于试错，找到兴趣后发展为自己的事业，并努力积累经验。最后在全力以赴的同时，给自己留出20%的精力去探索更多的可能性，让自己成为一个更加丰富的人。

发散兴趣：利用专长管理工具，拥有多元人生

1.借用思维导图拓展人生渠道

区分好兴趣后，我们要学会将这些兴趣为己所用，借助思维导图这个工具来帮助自己拓展人生渠道。思维导图又叫心智导图，是用于表达发散性思维的有效图形思维工具，它简单有效，是一种实用性的思维工具，而且在我进行梦想拓展的过程中发挥了巨大作用。

梦想拓展的内在逻辑，其实是要先找到自己的一个主专长，在此基础上尝试发展出不同的副专长。尝试不同的兴趣发展方向，能够把你的专业和兴趣发展成一个可以自由运作的资源系统。

把兴趣爱好变成专业，先拓展资源，然后再去发展其他的副专长。很多人在做自己不喜欢的事情时，创意和活力会越来越枯竭，缺少了热情

后，所有的动力也都面临消失。

如何找到自己的优势领域，并发挥所长去建立自己喜欢的事业呢？首先我们要学习了解自己，要记住自己永远是最了解自己的那个人。不管是在生活还是在工作中，一定不要让别人来告诉你你适合做什么，一定要听从自己的内心。

在书写自己的"梦想拓展"思维导图时，先打开一张空白的A4白纸，找一个能够容纳自己安静思考的空间，将自己列出来的"兴趣事业清单"中排序第一的兴趣写在中间位置，再向外发散自己其他的一些爱好或者专长。所以，只需通过一张思维导图就大致能够梳理好自己的优势和爱好，再将它们结合看看能产生怎样的新领域。

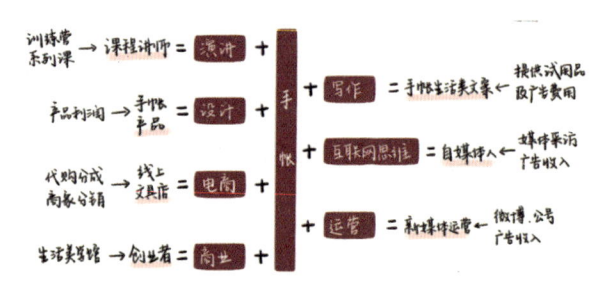

以我自己使用思维导图进行"梦想拓展"的成果来作为例子：

在最中间的专长，是手账。将它写在中间后，开始发散，我这里写了七个副专长，分别是写作、互联网思维、运营、演讲、设计、电商、商业等。大家可以根据自己的实际情况进行发散。

比如，手账+写作，可以拓展出来的渠道就是往手账生活类的方向发展，可以在不同的社交媒体上发布手账类文章，能够拓展另一个广告投放的渠道；又如，手账+演讲的方向，我也可以拓展成"手账课程讲师"，根据自己的经验积累可以开发一系列的手账课程；再如，手账+电商，可以拓展的方向是设计自己喜欢的手账产品，开设新的文创店。

在白纸上展开的思维导图，让我的主专长和副专长相结合，收获了极大的可能性，足以让我过上多元的人生。

使用思维导图时需要注意两点：

① 将自己的爱好和专长结合起来的时候，需要写上一个具体的目标。比如成为作家、自媒体人等。这不仅仅是目标，也是一个想要拓展的具体方向。

② 在具体实现目标的过程中，可以写上需要付出的具体行动，比如需要产出文章、研究互联网运营知识等。当然，也可以加上一些额外的奖励，以便更积极地鼓励你的具体行动。

立足于当下，不断地努力，找到生活与自己兴趣、理想之间的关联，才能慢慢地走出一条不同的路。

如果你并不喜欢自己目前的工作，或者因为现在的工作而感到焦虑不安，可以试试用"现在的工作+喜欢的事=？"这样的想法去思考。不要让自己困于当下。有时候，我们只有先改变看待生活的方式，才能改变生活本身。

刻意练习：打破三分钟热度，刻意练习兴趣力

1.兴趣总是失败的本源

长大后，就要为自己负全责，要明白自己想做的事是什么，想过的人生是怎么样的。如果有任何想做的事，就要把它放在首要的位置，每天去耕耘。读一本书，如果能增加你的学识，能颠覆你的思想，就要坚持长期阅读；看一部电影，可以尝试从两三个不同的角度或身份去看，把感兴趣的事物都换一种吸收方式。

用这样的方式来培养自己的兴趣爱好，相信一定可以变成一个很厉害的人！

据我观察，大多数人拥有的兴趣爱好很多，但坚持做下去很难，这个兴趣永远无法达到精专。在经历了无数次这样的失败后，我开始寻找其中的原因。中国有句老话叫"行百里者半九十"，意思是说走一百里路，走

了九十里才算是一半。比喻做事越接近成功，往往越困难，所面临的心理挑战也会越大。坚持住剩下的十里，才能够到达终点。

在生活中，我们可能会有很多的兴趣爱好，如写作、画画、摄影等，可是仅凭喜欢把这个兴趣爱好变得专业是很难的。我们要在喜欢的基础上加上"刻意练习和不断重复"。

什么叫"刻意练习"呢？

我举一个最浅显的例子，比如我们从很小就开始学写字，可长大后有的人的字突飞猛进，有的人的字却和小时候写的字没有什么区别。从时间来看，大家写字的时间相差不多，所以这里就有两个不容忽视的事实：单纯无目的的重复练习是非常低效的；练习时间长，不代表精进。而刻意练习，就是要有目的地练习。

实际上"刻意练习"和"增加兴趣"是相辅相成的。每当你突破了一个困难点，你对这件事情或这项爱好的兴趣就会加强，并且促使你进一步去刻意练习。

2.六个刻意练习的步骤，打开新世界的万能公式

"外行看热闹，内行看门道。"专业的人能够在短时间内就看到其中的门道，是因为他们的大脑当中已经有一个关于这个行业知识中的思维模型了，他们能够在很短的时间内将脑袋中的知识提取出来帮助判断。但专业的人大脑中存在的思维模型，也是通过大量的学习、练习及不断重复地总结才逐渐掌握的。

我在进行"刻意练习"兴趣力的道路上，也总结了一套自己的学习方法，不仅能够用在构建我的多元人生上面，也可以用在我的高效学习上面，两者之间是互相呼应的、共通的。

"刻意学习"应该如何做呢？我将其分解成了六个步骤。在学习新事物的时候，不要迷茫，只需将这些步骤一点点套用进去，并随时修正自己的行为。

具体的六个步骤是：

① 找一套科学有效的训练方法；

② 突破舒适区，不断适度挑战自己；

③ 不断拆分任务，化难为易；

④ 良好的目标感——明确做事情的目的是什么；

⑤ 包括反馈——正确在哪儿，错误在哪儿，并且找解决方法；

⑥ 大量练习，海量重复性学习，成为肌肉记忆。

在刻意练习中，最重要的是第二步骤，在突破舒适区的时候，一定要进行基础性的单项练习。

比如，我在学习英文书法字体的时候，就在这一步下了非常大的功夫。英文书法字体源于早期铜板印刷（Engraved Copies），是18世纪出现的一种带有斜度，笔画有粗细变化的字体，可以很好地和我常书写的中文手账结合起来，能够极大程度地提高手账的颜值，所以我非常希望能够解锁这个兴趣爱好。

于是我就按照以上的六个步骤进行刻意练习：

① 找一套简单易上手的字体教材，在网络上就可以找到。

② 突破舒适区，不断适度挑战自己。在此之前，我只会写一些比较正常的英文字母，所以我要突破自己的舒适区，挑战学习这种字体。于是，我翻看完整体的素材后，就开始进行每个字母的单项练习。

③ 不断拆分任务，化难为易——遇到不会书写的地方时，会将句子进行拆分，每天练习。

④ 明确自己做这件事情的目标是什么。在坚持的过程中，如果目标不明确，就会因为太难或者太枯燥而放弃。当时我的目标是能够熟练地写一张漂亮的贺卡，并且熟练地运用到自己的手账中。

⑤ 对比自己写出的字和教材之间的区别，并及时修正。

⑥ 最后是花时间进行大量练习，海量重复性学习，成为肌肉记忆。于是我给自己定下每天练习20分钟的任务，直到丢掉教材也能够写得很好。

这六个刻意练习的步骤，是我打开新世界的万能公式。最后要牢记的一点是：学以致用才是有效的学习。

3. 在有效的时间内，如何最大化地体验人生？

我已经掌握了刻意练习的方法，但我还需要解决一个问题：对很多事情都感兴趣的我，该如何在有效的时间内，最大化地体验人生？

我对这点非常重视，所以尝遍各种兴趣和机会，也总结了以下几个有效的小方法，供大家参考：

将自己的计划分类

当你列出自己的兴趣或者是愿望清单的时候，要注意区分"优先计划"和"长期计划"。优先计划是指那些不会干扰现有生活的事情，比如学一门外语；长期计划是需要等待时机、从长计议的事情，比如转行写小说，成为专职插画师等。既然优先计划不会干扰自己现有的生活，那就不用思考太多，直接去做就好了。长期计划则是需要一定的时间进行考察和规划的，不能轻易做决定。

要学会给长期计划设定目标

长期计划需要专心投入，包括各种时间成本、金钱成本、机会成本等，最好是给自己设定一个达成这个长期计划的期限，比如说三个月、半年或是一年等。只是设置达成期限还不够，还要设定出能够评断成果的标准，用它来评估这个兴趣是否值得自己持续投入。因为只有这样，你才能够在发现这个兴趣其实可能不适合你的时候，及时止损。

掌握好从长期计划中"退场"的时机

对于要把每件事情都做到最好的人来说，退场等同于放弃，但对于很多只是想要尝试一下的人来说，退场也许是完成个人目标的一种激励方式。当你在尝试的过程中感到无聊，提不起什么精神，或者发现真的做起来后自己并没有那么感兴趣时，其实可以选择退场。但是，对于"枯燥感"和"挫败感"要进行严格的区分。你可以想想，对于这件事情是像"玩俄罗斯方块熟练到闭着眼睛都不想玩了"的那种熟悉的枯燥感，还是发现你根本学不来，从而感觉到很挫败。前者是让你无法产生热情和期待的状态，后者是发现自己没有能力学习这门技能，那就需要重新评估是否需要调整你的学习计划，或者放弃这个兴趣。

在体验人生的时候，要选择那些可以令你的生活充满意义的兴趣爱好，在尝试中不断精进。

设置兴趣失败清单，助你打破失败魔咒

失败管理清单——清楚地知道因何而失败的人，更容易进步。

Failure list

Bad moment	Make it good
① 考研失败	① 遇人生大事时：
A. 意志不坚定，受他人影响，过于意气用事。	A. 若是决定的事情，切记不能意气行事。
B. 没有对目的的有主动的评估。	B. 做事不能只凭自己的感觉，需多借助客观事情帮助自己进行判断。
C. 没有弄清楚内心想要的。	C. 必须先找出内心最重要的排序。

我很喜欢看传记，尤其是人生跌宕起伏的伟人传记，似乎只要我深入地去研究那些失败，就像是在经历这个人的"最坏时刻"，然后再去思考如果当时我遭遇这样的困境，我会如何做？真正让我有所成长的，是考研的一次惨败，对我的人生来说，它实在是太重要了。而当我正视自己的失败时，才感觉成长之门渐渐打开了。

我设置了一个"失败管理清单"，用来记录自己失败的原因，时刻督促和提醒自己不要掉进害怕失败的恐惧里，而是要通过每一次的失败增加成长的经验和力量。

写下这个清单的目的是要让自己知道为什么会失败，以便及时进行改善，比如可以从中分析出是时间管理上导致的失败，还是自己意志力不够坚定，再或是进行练习的次数太少，不够专注等。还有一点是我后来在总结中发现的，就是发现自己失败的项目大多是一个领域的，那我就会深入研究，自己是否真的不擅长这个领域，没有什么天赋，或者是不是用错了什么方法，好及时改进。

最后需要明白的一点是，进行多元兴趣管理其实是为了帮助我们实现多元人生。

当你拥有了区分真伪兴趣的能力，并且学会用思维导图来拓展自己的兴趣事业边界，再刻意练习使自己的兴趣达到专业的高度时，多元人生或许便就此开始了。

07

思考力管理体系

态度升级：开放性心态，助力达成目标

1.常见的思维陷阱有哪几种？

每个人都是不同的个体，这个世界上有千千万万种不同的选择。有些人选择平淡安稳的生活，有些人选择荆棘丛生的道路，每一个选择都是由自我思维决定的。

美团在千团大战后脱颖而出，创始人王兴说了这样一句话："多数人为了逃避真正的思考，愿意做任何事情。"用一句耳熟能详的话来解释便是"用战术上的勤奋来掩盖战略上的懒惰"。这样的行为不但会让自己越忙越穷，还会让自己越忙越找不到努力的方向。时间越长，就越容易让自己变成一个思想上懒惰的人，成长也将停滞不前。

现在，请耐心地跟随我的引导，一起来思考和回答文中的问题。

请先看下面的这张图片，然后思考10秒，这张图片所要表达的是什么。

接下来把这个图片先放到一边，我们来学习一个概念，叫作框架。

"框架"一词其实是建筑学上的一个概念，它是由两个字组成的，一个是"框"字，是指它有着一定的约束性；一个是"架"字，是指它具有支撑性。所以"框架"的含义是指一个约束性与支撑性的结构，可以用于解决或者处理复杂的问题。在生活和工作中，有很多东西看似没有逻辑，加上框架后却恍然大悟！

再看前面那张看起来好像没有什么逻辑的图片，对比一下这张带了"框架"的图片，是否能够看出什么不同？

通过对比两张图，就能够很明显地知道，这是一个英文单词TIME。

一个相对比较复杂的结构，加上一个框架，就能够看到更多的东西。比如上图没有加框架之前，大多数人视觉上的关注点一直是黑色的块状图形，但加上了一个方框以后，视觉上的关注点放在了白色内容上，图形的结构也马上浮出水面。加上"框架"的思考，可以帮助我们跳出自己本能的反应去观察和看到更多的东西。

在初入职场工作时，我有幸跟一位比较厉害的前辈学习，她对我说过一句令我终身受用的话："思维是一种可以通过不断地学习而逐渐被掌握的技能。"

我们接受过多年的应试教育，思维已经定型，但从现在开始接受训练仍然不晚。打破僵化低效的思维习惯，重新树立起新的、有活力的，以运用和实践为核心的新思维框架，对于我们的人生来说，其实也是展开了一个新的篇章。

被誉为"创新思维之父"的爱德华·德·波诺先生曾经说过一句话："你不必担心你所不知道的事情，真正会让你有麻烦的，是那些你曾经相信，但事实并非如此的事情。"

在面对不同的问题时，我们的思维常常会陷入一些陷阱，由此阻碍我们对事物更深层次的探讨。常见的四种思维陷阱：

① 第一印象——比如说，这个人一看就不是什么好人！
② 不假思索——这不是很简单的事情嘛！
③ 个人成见——我最不喜欢这种事情了！
④ 传统看法——女人就该在家相夫教子！

这也是在日常生活中常见的思维陷阱，它们都不是经过深思熟虑之后得出来的想法和结果，但我们会坚定不移地用这种思维方式来支持自己在大脑里早已形成的想法。我们常常会因为草率的想法，陷入更大的麻烦中。

如何避免陷入这种常见且颇具杀伤力的思维陷阱中呢？在遇到一些问题时，可以进行自我观察，比如你的大脑中第一个冒出来的想法是相对比较客观的判断，还是属于上面的四种陷阱之一。如果发现自己陷入了以上的思维陷阱，可以再进行多次的思考，一直到得出一个相对客观和理智的结论。

2.随时打开你的绿灯思维

不知道你在生活中有没有遇到过这种类型的人：他处处否定别人，觉得别人这不好那不好。而一旦别人否定他自己的观点，他的态度就会变得强硬起来，不太愿意接受别人的观点，甚至会用自我防卫机制来抵抗别人。因此，有时候他的人际关系是比较糟糕的，自我成长也是比较缓慢的。

这种类型的人，就是典型的常亮着"红灯思维"的人，表现为"思想固化，无法接受别人的意见，总认为自己是对的"。

与此相反的类型是"绿灯思维"的人，这一类人在遇到新观点或不同意见时，第一反应是这个想法和观点或许有用，我应该怎么用它来帮助自己呢？他们的思维总是处于不断的变化和更新中，在实践的过程中也能够善于发现某个观点的不足之处，在后续进行补充与完善。

刘润老师在《5分钟商学院》中曾经说过："如果你只是想取得一些小进步，那就改变行为；如果你想取得较大的进步，那就必须改变思维。"改变思维最重要的第一步，就是打开心门，保持开放的心态，将绿灯思维贯彻到底，这样才能够真正地升级自己的人生态度。

"绿灯思维"可以运用在生活和工作中的方方面面，最常见的三个应用场景是：与他人讨论交流的时候、别人提出批评的时候、看书听分享会的时候。三种应用场景各自又有不同的处理方式：

与他人讨论交流的时候

任何一个需要决策的问题，都会产生分歧，面对别人提出的新观点，不要一味地否定他人，而是应该先考虑是否有接受的可能性，有哪些观点是可以帮助自己改善现状的。要时刻谨记，我们在处理事情的时候，要就事论事，绝对不可以针对人，这样才能够顺利地推进事情的进程，同时还能够获得成长。

别人提出批评的时候

当他人否定自己的时候，我们在本能上总是会习惯性地保护自己，容易马上做出应激反应；或是当他人责备自己时，从外部找原因当作自己的借口，从而保护自己原来的行为或者固有的观点，甚至掩盖自己内心的想法，这也是心理学中的归因谬误理论的体现。比如，领导责备你五天有三天都迟到，你的第一反应可能是习惯性地为自己开脱：前天睡晚了，昨天出门晚了，今天又堵车了。这样的理由实际上都是在掩盖自己懒惰的行为。

保持开放心态的人，在遇到外界一些不同程度上的批评或者责备时，第一反应并不是马上做出应激反应，而是先冷静下来，听听对方的批评或责备是否是合理且客观的。确实是自己的过错，则及时修正；如果发现是对方无理指责，果断地离开不理会便是最好的处理方式了。

看书听分享会的时候

有很大一部分人，由于红灯思维导致的思想固化，常常无法放下自己的认知，大脑也就无法吸收新的知识。即使看了很多的书，听了很多的分享，也无法很好地改变自己的生活，就像杯子已经装了2/3的水，舍不得倒，再怎么装，都只能再装1/3的水，一杯旧的水永远无法更新。只有开启自己的绿灯思维，怀着空杯的心态，才能装更多新的东西。

如何将绿灯思维装到自己的脑海中呢？

① 当我们面对一个新事物或者是与自己的看法不太相符的意见时，先不要马上持否定的态度，而是要在大脑中装上一个"绿灯思维"的模型。

② 卸下自己的高防卫心理，正确地看待别人的建议，放下自己原本认知的世界，再以空杯的心态去装新的东西。这样做的目的是帮助我们达成成长的目标。

思想深度：跳出本能反应，打破旧有思维模式

1.助你跳出本能的PMI思考法

在学习锻炼自己的思维的过程中，要借助一些简单的方法来打破自己旧有的思维模型。最应该警惕的是自己的本能反应，它会阻碍我们全面地看待问题。可以使用PMI思考工具，来帮助我们跳出自己的本能反应，让我们的思想变得更加有深度。

PMI思考法是由爱德华·德·波诺先生研发出来的处理想法和建议的一种思维工具，可用于规避思维陷阱。PMI的三个大写字母分别代表的是：

P（Plus）：优点，有利因素，你为什么喜欢它；

M（Minus）：缺点，不利因素，你为什么不喜欢它；

I（Interest）：兴趣点，你对一个想法感兴趣的地方。

PMI工具所表达的意思是，在我们看待一个事物的时候，可以在大脑中分成三个步骤，先思考它的优点和有利因素，再思考它的缺点和不利因素，这个方式最重要的实际上是兴趣点。在脑海中分析了优点和缺点之后，或许会对这件事情有一些新的想法，思考的内容就会变得深刻起来。

2.PMI思考法的使用步骤

使用PMI思考法，就相当于给自己的思维加上了一个结构化思考的框架。

当别人提出意见或者观点的时候，不要立马凭自己的感觉下判断，而是先用PMI的方式去思考：这个想法的优点是什么，我为什么喜欢它？它的缺点是什么，我为什么不喜欢它？思考这个观点为什么让自己感兴趣或者能够激发自己其他的什么想法。

首先，PMI有助于我们跳出本能反应，拓宽视野。

因为在现实的世界里，人们对待一种想法的本能反应就是喜欢或者不喜欢，同意或不同意。如果人们不喜欢一种想法，就太容易全盘否定这个想法了，所以一般不会注意到它的积极面或正面。同样，人们一般也不会单独关注一种想法的兴趣点。使用PMI思考法，我们就跳出了对想法或建议的一种直觉反应的应对方式，从直觉反应转变为有技巧地进行思考。

其次，PMI有助于我们打破旧有思维模式，探索新观点。

PMI不仅仅关注问题正面和反面的论点及评论，还包括对于"I"——

也就是兴趣点的探索，鼓励人们摆脱判断的框框，脱离非好即坏、非黑即白的思维模式，进而培养一种有意识地探究某件事的习惯，去看看还有哪些地方是值得关注的，让人感兴趣的。

所以PMI思考法的使用非常简单，我们只需要记住一点，当我们面对一个想法、建议或者事物的时候，首先不要依靠直觉做判断，要有意识地引导自己的注意力，分别从PMI提供的三个方向进行探索。对每一个方向都有所思考后，再形成自己的判断，这样才能够真正做到让自己的思维有深度。

长远目光：按下暂停键，解放内心纠结的自己

一、用C&S思考法助你解放纠结的心

C&S思考法代表的意思是结果与结局（Consequence and Sequel），我们要放长眼光去关注未来可能会发生的事情。一般情况下，在考虑一个行为会带来什么后果的时候，我们通常都只会注意到当前的时间段，也就是直接后果。

C&S思考法让我们在采取某些行动、计划、决策之前，预见到可能产生的影响，将注意力直接集中在未来，目的就是超越当前会发生的直接后果，想得更加长远。

C&S思考法可以分成四个时间段来进行思考：

① 1年以内的直接后果；

② 1—5年的短期后果；

③ 5—20年的中期后果；

④ 20年以上的长期后果。

请注意，这个时间的划分其实并不是标准答案，它需要依据我们对这件事情的判断来做决定。以买东西为例，当下发生的结果就是一个直接后果，过后的一两周就是短期后果，时间再长一点，或许2~3个月就是中长期的结果。但是像职业选择或者家庭资产配置等这种行为决定的时间长度，在1年以内发生的是直接结果，1~5年是短期结果，5~20年就是中长期结果了。总而言之，C&S思考法更加注重提前考虑后果，有意识地将注意力直接集中于将来。

2.C&S思考法的简单使用步骤

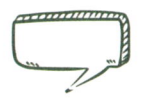

C&S思考法简单的使用步骤：

第一步，在采取行动或者犹豫不决的时候，使用C&S思考法进行思考。当你遇到需要行动或者做决策的时候，就可以在大脑中拿出这个工具来帮助你解决问题了。

第二步，列出这个决定或行为可能会导致的后果是什么。我们在做决策之前，先要有意识地问自己几个问题，将思维的关注点拉长，放在将来。

这几个问题可以是：

① 这个行为或决策会带来什么样的直接后果？
② 它在1~5年的短期结果是什么？
③ 它在5~20年的中期结果是什么？
④ 它在20年以上的长期结果又是什么呢？

将C&S思考法用在行动、计划和决定当中，可以帮助我们考虑得更加长远和周全。

一般情况下，直接后果和长期后果可能会完全相反，直接后果是令人舒适快乐的，长期后果可能会很糟糕。比如，减肥就是一个很好的例子，今天非常想要吃蛋糕，吃完会分泌多巴胺感觉到非常快乐，但眼光放长远一点，吃了许多的蛋糕以后，一定会对自己的身材造成一定的影响，慢慢地会造成让你变得肥胖甚至是不自信等很糟糕的后果。

请记住，你的今天，是你昨天计划出来的。要学会给内心按下暂停键，解救内心纠结的自我。

你的第二个大脑：思维补给站

1.查理·芒格的"多元思维模型"

查理·芒格说过一个令我铭记终身的道理："在商界有一条非常古老的法则，它分为两步。第一步，找到一个简单、基本的道理；第二步，非常严格地按照这个道理去做。"

简单、基本的道理，我们可以通过看书、听课等方式去习得；按照这个道理去做，也就是要认真地践行。学习加践行的这个正循环一旦启动了，你多半就能够坚持去做这件事情，并且能够在过程中体会到全神贯注的快乐。

查理·芒格不仅一次推荐每个人都要建立自己的"多元思维模型"，因为这样才能够尝试用不同的解题思路来面对生活中的难题。

思维模型会给你提供一种视角或思维框架，从而改变你观察事物和看待世界的视角。

在职场或生活中，我们常常会遇到这样一些情况：当需要面对和解决一些问题时，有些人的第一反应是忙作一团，根本就找不到解决问题的路径；有些人却可以思考出清晰的框架，以此来一步步地解决问题。这两种思维差异会带来完全不同的结果，由此也会活出完全不一样的人生。

《万万没想到》的作者万维钢有一句话非常能够说明"多元思维模型"的概念："人所掌握的知识和技能绝非是零散的信息和随意的动作，它们大多具有某种'结构'，这些结构就是模型。"像查理·芒格这种厉害的人，或者说精英们都非常擅长利用自己所习得的思维模型来解决问题，而且能够透过现象看到本质。

查理·芒格极力推荐"多元思维模型"，他对于思维模型的理解非常精准，"思维模型是你大脑中做决策的工具箱。你的工具箱越多，你就越能做出最正确的决策"，也能够更好地避免所谓的"锤子综合症"。

这里有一句谚语："对于一个只有一把锤子的人，任何问题看起来都很像钉子。"也就是说如果你的大脑中只有一个思维模型，你就很有可能扭曲现实，直到把它想象得符合你的模型为止。如果不想成为只拿锤子的人，就必须配置多种工具，也就是多元的思维模型。

2.带上手账升级大脑，安装更多思维模型

懂得了思考力方面也可以进行管理以后，我就将这些在平时需要练习和锻炼的工具方法在手账本上进行了视觉化，成为自己的"外用大脑"。因为思维方面的锻炼非常重要，所以我就给思维这个部分专门用了个A6

本来记录这些思考的过程，我把它叫作"思维补给站"。

"思维补给站"的设计只有简单的四步，但它会是我们在未来进行思考和做决定时很重要的依据。

① 将自己的手账本用索引贴提前分成三类，大概平均分页数即可，分别是绿灯思维、PMI、C&S思考法。

② 先在大脑中过滤一遍本次需要专注思考的问题。

③ 在解决问题之前，要先判断需要使用哪种思维方式去思考，是用绿灯思维、PMI，还是C&S思考法？

④ 找到该思考方式的分类，按照思考步骤进行书写即可。

我的"思维补给站"页面比较简单，使用不同颜色的索引贴记录下不同的年份，右边记录的是三种不同的思考法。

当我内心纠结"到底该不该成为一个老好人"这样的问题时，我认为我需要使用PMI来进行思考。所以我会定位到PMI思考法的区域中，写上具体的问题，再将使用方法写到下面，最后按照步骤开始聚焦思考PMI的每个方面。当然，在纸质手账上也可以参考这种方式进行记录。

"思维补给站"的设置，可以让你看到自己思考的整个过程，以旁观者的角度去看自己的思考是否存在漏洞，再不断地进行修改调整，用正确的方式去解决问题。你可以不断地进行练习，遇事也可以常常翻阅，或许很快就能够看到自己在看待事物或者思考的多方面多角度的提升，自己的大脑已经升级。

"成长就是和自己做斗争，请努力打败昨天的自己。"每天刻意练习思考并不容易，但认真努力才能看到成长的曙光。

让每一天都有迹可寻的手账指南

该不该成为一个"老好人？"

使用方法：PMI思考法

P 优点：
① 大家会很喜欢爱帮助人的我
② 我会有很多的朋友和不错的口碑

M 缺点：
① 无法拒绝他人的要求
② 常常会勉强自己做一些不太喜欢的事情

I 兴趣点
① 避免让自己成为一个"越活越模糊的人"，学会表达自己的情绪需求，不喜欢的要拒绝
② 个性鲜明的人也会有很多的朋友，找到自己的闪光点，喜欢你的人会一直喜欢你的

08

职业升迁管理体系

工作计划：利用三驾马车，实现高速职业升迁

在职场中，最常遇到的问题就是工作计划总是完不成，上班时间不够，只能用下班时间来凑，令人懊恼无比。这个时候，我就会使用比较强大的催化剂，来帮助自己实现职业的升迁。在职业生涯中，三驾马车是帮助我把目标转化为具体行动的重要手段。

"三驾马车"一词，原本来自经济学的概念，日常生活中大众比较熟悉的金融三驾马车是银行、证券、保险，它们是拉动经济增长的三驾马车。在我的职业生涯中，足以帮助我进行职业升迁的三驾马车，是年方向、月复盘和日行动——从年方向上帮助自己把握职业方向，从月复盘上帮助自己在工作中扬长避短，在日行动中抓住重点行动。驾驭好这三驾马车，慢慢地就能够对生活有一个合理的规划，提高做事效率，提高自我管理的能力，将原本在工作中无序的时间安排得更加合理。

1.年方向——帮助自己在职业中找到发展方向

销售之神松下幸之助曾说:"我们不光要埋头做事,还要抬头看天。"意思是指,我们做事情不但要肯花力气,埋头苦干,更要注意大方向,不要走错了路。在工作中,我们在用心努力地做手中比较重要的事情时,更重要的,是看看未来的规划。所以最重要的管理,其实是方向上的管理。

职业发展的方向可以通往三种不同的职业方向:

向上发展

这种发展方式是指,在一家公司内,职位更高,承担的责任更大,同时也非常需要更强的能力。不同的公司所需要的向上发展的能力不同,有些向上发展所需要的能力是专业能力为佳,有些是需要管理能力比例更大。

横向发展

在横向发展的维度里,需要保持的态度是:人生没有高下之分,只有左右之别。

很多时候,我们不可能一辈子都只深耕一件事情,当自己对某件事情热情减退的时候,可以尝试进入别的职业轨道,或许会找到更多的可能性。比如,我个人的职业道路就是横向发展的过程,从一个财务转行到互联网运营,再到现在的自由职业者。对于热爱探索且喜欢自由的性格来说,横向发展会更容易让我对生活和职业保持热情。

向外发展

向外发展也是互联网时代比较多的人青睐的职业方向。

比如,有一段时间非常流行"副业刚需",在保证完成本职工作的前提下,再开展自己的副业,增加一个收入渠道,从中平衡自己的工作和生活,也是一种不错的选择。

当我们掌握了三种职业的发展方向以后,可以在未来的一年甚至是几年内,开始计划自己的发展方向。我们可以设置"年度挑战计划"来帮助自己完成。

简单地说,"年度挑战计划"就是要明确自己一整年的目标是什么。

Facebook创始人马克·扎克伯格,每年会在年初时给自己设立一个年度挑战。比如,2010年想要挑战学习汉语,到2017年,他去清华大学给学生讲课时,已能全程使用中文。他的目标贯穿了几年的学习轨迹,这就是挑战计划的力量。

将"年度挑战计划"作为贯穿一整年的主线，让它成为今年最核心的工作目标与方向，时刻提醒自己。

制订一个完整的年计划，有三个关键词：

① 仪式感

"年计划"是一件非常有仪式感的事情，最好是在每年将尽时，找一个安静的地方静下心来专心思考，这关系到未来一整年的发展方向，必须严肃对待。我习惯在手账本上写上一个巨大的年份，每次翻开这个页面时，巨大的年份都会时刻警醒自己。同时，还需要写上今年自己在职业上的具体目标。

② 年度核心词

"年度核心词"，是为了让你能够明确地知道在未来一年的工作中，需要聚焦多少时间和精力去学习哪些东西。需要注意的是，"年度核心词"最好只写一个！将一年的时间聚焦在一件事情上，才会更加有目标感，也更易精准地付出行动来达成目标。

③ 四个学习模块

在定下年度目标以后，必须付出行动去实现。可以在年计划上写上自己的学习模块，四个模块分别是学习领域、学习路径、学习行动和学习结果，四个模块缺一不可。要知道自己学什么、怎么学，并不断行动、复盘，这些都是层层递进的关系。如果有必要，需要将四个模块继续细分下去，将任务细分有助于我们展开具体行动！

列完"年度目标计划"后，一定要定期回顾自己每天在做的事情，检查有没有一直围绕着学习主线去学习。如果你的目标非常明确，就可以定期总结、定期调整，以实现"年方向"的目标。

2.月复盘：定期复盘对工作成长有价值的事件

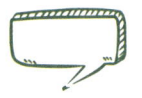

"复盘"是一个围棋术语，是指对局完毕后，重新回顾整盘棋局，以寻找到局中关键的得失点，其目的是打赢下一场。我也喜欢将这个策略运用在工作当中，以督促自己更仔细地分析和更准确地判断。"复盘"是工作管理中必须掌握的重要技能之一。

月复盘，是以月为单位进行复盘，但复盘并不是像记流水账一样，简单地盘点你在工作中做了什么事情，而是要仔细剖析，做出深刻又有用的分析。

在尝试过多种复盘方式后，我发现一些过于复杂的复盘对我来说都不太容易坚持和执行。最后，我结合自己的行为习惯，在自己的工作手账本中写下这四个月复盘的问题：

① 本月必须完成的最重要的3件事。

将重要事项写到手账本上，并检查自己的完成进度。

② 相较于计划来说，查看做得好与不好的地方。

"复盘"是与"计划"相对应的，比较普遍的工作会需要做月计划和周计划，在有了计划的前提下，就需要复盘计划的执行进度，哪些地方是在不断拖延的，哪些地方是按时完成的，以保持对工作事项的敏感度，想办法提升自己的工作效率。

③ 总结造成这种结果的原因是什么。

当把事情完成得比较完美的时候，除了自身的努力，多找找外界对自己的帮助；当事情没有完成得很好时，除了外界的一些影响和条件不足，多找找自身的原因，避免"归因谬误"原理，这样找原因的方式会相对客观一些。

④ 下次再遇到类似情况，怎么办？

做得相对优秀的地方，怎么能让这些优秀最大化？不足的地方，又该如何补足呢？这是在复盘时需要找到的答案。同时也要学会求助，善于借助他人的力量来帮助自己解决问题。

"月复盘"有助于我们将未来的行动立足于当前的行为中，能够更好地激励我们去达成目标，以及帮助我们合理又高效地规划工作和生活。

同样的，月复盘的方式也可以运用到生活中，生活中用的是"九宫格月复盘法"，该方式可以有效地将生活和工作区分开来，并且也能够为"年终复盘"奠定扎实的基础。

我习惯将生活中的每个事项都盘点下来，将手账页面分成九宫格，从左到右的顺序是：学习、人生体验、休闲娱乐、工作事业、×月复盘、家庭、身体健康、财务管理、社交关系。盘点的目的是帮助自己更快地检索本月完成的事项，并分析本月目标的完成程度，以及回顾过程中的经验与不足。

比如，右边按照不同的模块盘点自己本月的事项，然后在左边的页面上写出几个问题来询问自己：

① 本月让我最有成就感的事情是？

② 本月令我感到幸福的事情是？

③ 本月我意识到哪些不足？

④ 下个月需要改正的事情是？

最后给这个月打打分，看看这个月的生活感受是如何的，并且可以写下对下个月的期待。

3.日行动：执行力的质量决定着职业的高低

你每天具体的行动会因量的积累而产生质变，而执行力的质量决定着职业的高低。

人们之所以会经常造成无意义的加班，很大程度上是因为会无意识地习惯先做琐事和简单的事情，而这正是因为没有提前规划好当天的工作计划和重点。没有重点的工作方式，就会让人不小心地把时间花在没价值的事情上。我以前经常觉得自己明明一整天都很忙、很累，也做了不少事情，但为什么还是会加班？后来习得了一个在职场上非常好用的方法，叫作"吃青蛙工作法"，以此来帮助自己在每一天的工作中达到高效率的水平。

在实践中，我将"吃青蛙工作法"中说的要先吃掉"最大最丑的青蛙"，按自己的实际情况进行了改良，并在自己的工作手账上写下来：

① 一天中最难的任务，需要优先将它解决掉。

② 不做就无法下班的任务。除了最难的任务，再思考出一个不做就无法下班的任务，如果思来想去都没有的话，或许就能够早一点下班了。

③ 你总是可能忘记的任务。有时候我们常常会忘记一些任务，不是因为它不重要，只是因为它比较琐碎，琐碎的事情堆积多了以后，常常会让人无从下手。把它记录下来后，在一天之内将它解决掉，就能够极大程度地解放自己的脑容量。

需要注意的是，在工作计划中，年方向、月复盘和日行动这三个时间段绝对不是固定的，每个人的成长速度不同，可以根据自身的情况适当进行调整。也是有赖于这三驾马车，我才一步步地蜕变为一个工作效率较高、执行力较强的人，给自己通往职业升迁的道路打下了良好的基础。

曾有一个职场前辈对我说："你现在的能力，都是过去每天选择如何使用时间的结果。"大意是想要告诉我，不管在工作中你的成就是如何的，其实都是昨天的你计划出来的。你的步步高升，是你每天不懈地高效率超额完成工作任务得来的；你的原地不动，其实是你内心每日计划着如何能让今天过得更加轻松而造成的。所以说，"你今天的任何样子，都是昨天计划出来的"。请务必认真对待自己的现在和未来。

理想工作：转动理想职业三要素，让能量持续提升

一、真的有完美的职业吗？

不知道大家会不会像我一样，常常在大脑中思考：自己最理想的工作状态是什么样子的呢？这个世界上，真的有完美的职业吗？

我在成为职业生涯规划师之后才明白，原来理想的职业通常包括三个要素，分别是兴趣、能力、价值。

① 兴趣，是对一件事情充满了新鲜、有趣、好玩、有意思的感觉，如果你的工作也刚好符合你的兴趣，那工作起来自然是快乐和幸福的。

② 能力，是完成一项任务所必须的特质。如果工作和能力匹配的话，就会产生成就感。

③ 价值，是我们在工作中做出的一些贡献，而得到的回馈，包括物质反馈和精神反馈。如果工作也可以兑现自己的价值，会有很大的满足感。

兴趣、能力、价值是人生中最重要的三种管理能力，兴趣为你打开一扇又一扇门，你拥有的能力能够帮助你走好这一段路，你的价值观则帮你不断关上不属于你的门。

在职业中的表现亦是如此，你的职业兴趣让你发现适合的行业，你拥有的工作能力让你得到胜任的职位，而你的职业价值观则帮你筛选你喜欢的工作方式、同事、公司。

兴趣、能力、价值之间的交集，就是我们心中的完美职业：你喜欢的，能做好的，而且能给你想要的回馈。这三要素足以支撑起我们的幸福人生。

这就是新精英创始人古典老师所设计出来的"生涯三叶草"模型：完美职业=兴趣+能力+价值。

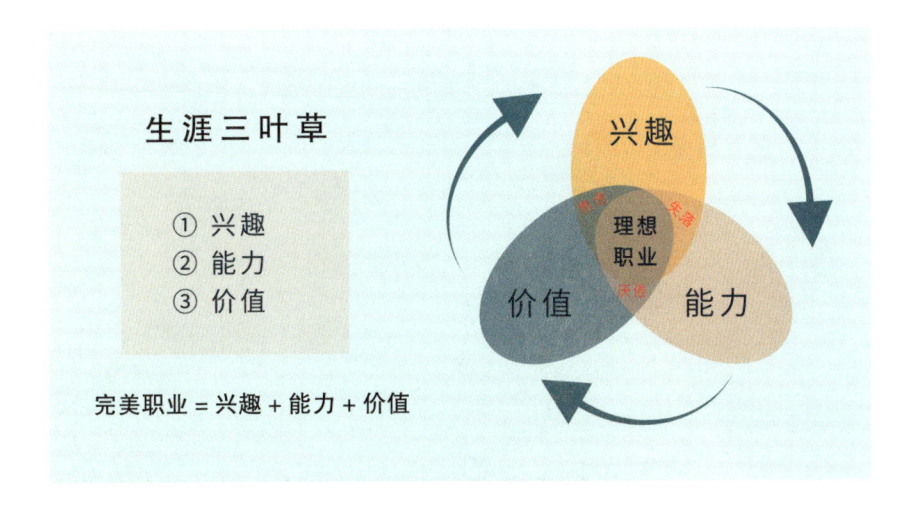

生涯三叶草

① 兴趣
② 能力
③ 价值

完美职业 = 兴趣 + 能力 + 价值

2.如何把不够完美的职业变得更加理想？

世界上的事物都是相对的，有完美的方面，就会有非常多不完美的方面。比如说，你在工作中时常会感到特别焦虑，有的时候又会觉得很厌倦。这是因为在"生涯三叶草"模型中，某个要素长期缺失了，导致出现了负面情绪。有时候"情绪比人会说话"，当你有一些负面情绪并开始表现出来时，就要留意为什么会产生这样的情绪，从而找到方法解决它。

在职业生涯中，如何判断自己缺乏哪个要素呢？通常会有如下几种表现：

① 职业兴趣的缺失，会导致厌倦和懈怠的状态，常常会表现为注意力不集中，上班时间无精打采。如果长期得不到改善，严重者会产生抑郁的情绪。这种状态在较成熟的企业中比较常见。

② 当能力缺失的时候，就会导致焦虑的状态出现。这是许多职场人士都容易产生的一种情绪，常常会表现为脾气暴躁、失眠、易怒等，觉得时间不够，自己永远做得不够好，严重者还会有一些疾病出现。有研究表明，当焦虑过剩时，身体会自动产生一些保护机制，比如生病，以此逼迫自己的身体和大脑停下来，逃离这种高压的状态。这种职业状态在职场新人身上，或者是快速发展的行业和公司中，尤为常见。

③ 当价值缺失的时候，会导致失落的状态，常常会表现为缺乏动力、习惯性叹气、抱怨、自我价值感比较低等。如果长期得不到改善，会导致自卑或自尊体系破裂，比如在工作中长期无

法得到认可，薪资水平一直无法满足自己的期待等等。

由此，我们通过观察自己的情绪，找到相对应的原因，就会知道自己缺乏的是什么要素了。

当你发现自己对于现在的工作处于厌倦的状态时，那可能是对自己的工作慢慢丧失了兴趣。

当你感到焦虑的时候，可能是因为你的能力还不足够胜任你此刻的工作要求。

当你感觉到失落的时候，或许是你在这份工作中的价值要求还没有得到期待中的反馈。

这三个要素缺一不可，只有把兴趣发展为能力，用能力兑现价值，再用价值强化兴趣，以此转动"生涯三叶草"才是良性的循环。那么，如何才能够让"生涯三叶草"正向地循环转动起来呢？具体的解决路径为：先明晰自己的负面情绪是什么，究其原因是属于哪一个要素的缺失，最后寻找解决策略。

第一步，通过对自我情绪的判断和了解，分析目前产生的负面情绪是属于厌倦、焦虑和失落中的哪一种；

第二步，将情绪对号入座，分析情绪背后产生的原因，找到缺失的"生涯三叶草"要素；

第三步，不同的原因可以用不同的解决策略，先询问自己是否有改变的决心，再从策略方向着手行动。

三种情绪分别有以下几种不同的解决策略，而每一种策略都是基于对自己了解的基础去执行，才能从根源上解决问题。

对工作缺乏兴趣时，可以从培养兴趣、发展副业或进行职业转换等方向来解决当前的情绪困惑。判断自己适用哪种方式，或者每一种方式都可以尝试一遍，最后找到最适合自己的解决之道。但所有解决负面情绪策略的第一步，都是先悦纳自己的情绪，然后才会出现接下来的改变。悦纳是用积极正向的信念去思考问题，首先接受自己生而为人是可以有各种情绪的，千万不要时常苛责自己"为什么会有这样的情绪出现""为什么自己不够坚强"等，这样只会让自己陷入否定自我的恶性循环中。

有一种很普遍的厌倦叫工作缺乏挑战，但也有可能是因为自己并不知道进行挑战的方向是什么，因此可以尝试找一位在职业领域内的前辈或者高手，来进行一次深入对话，也可以付费约见一些领域内的行家来进行交谈，根据对话内容，挖掘出自己需要挑战的职业目标。当有新的内容开始刺激大脑时，厌倦感便会一点点消失。

其次，当自己的本职工作并不是自己最热爱的事情，但又不确定自己的新兴趣是否能够当作事业来经营时，可以先尝试把新兴趣发展为副业，去尝试以后再评估新兴趣给自己带来的精神和物质上的回馈是否足够多。如果认为新兴趣的副业让自己每一天都充满热情，那可以尝试进行职业转换，把新兴趣发展成为新的职业。

在工作能力还不足以胜任当前的岗位要求时，在悦纳自己情绪的基础上，可以通过适当地降低对自己的要求，以及想办法用"能力三核"的方法来提升自己的工作能力，再或者寻找其他的途径发挥自己现有的优势。

最后，当自己的价值需求一直没有得到满足时，同样在悦纳自己情绪的基础上，思考目前自己现有的资源，还能够做些什么让公司认可。如果在这家公司总是觉得被打压或者付出一直得不到回报，可以尝试考虑转换工作，进入能够实现自我价值的新环境或者新领域等。

综上所述，想要拥有一份相对较理想的工作，可以将自己的情绪梳理出来，将每一种情绪状态都对号入座。通过"剥洋葱"般的深入剖析，最终实现"生涯三叶草"的转动，在此过程中自我能量也能够持续得到提升。

09

生活美学管理体系

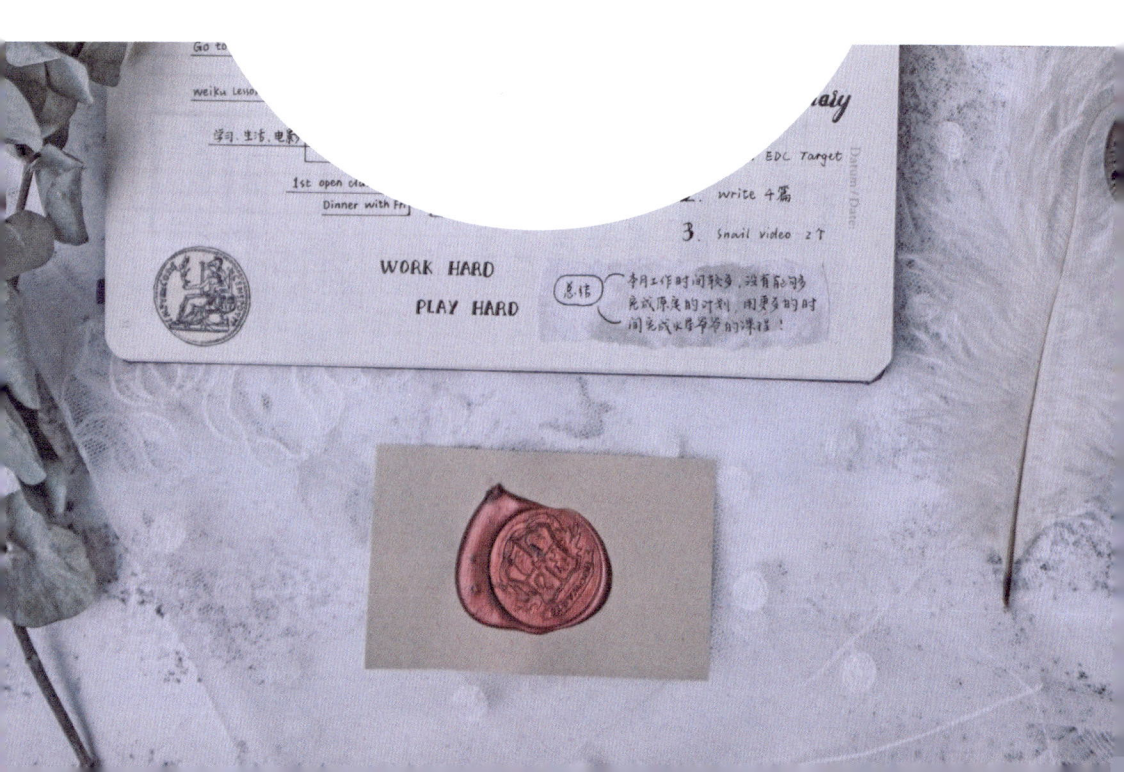

精致生活：成为社交媒体中的一股清流

1.社交媒体的记录，是你成长的印记

我们生活在互联网时代，常常离不开某些社交媒体，如果你细心观察，就会发现每个人展示出来的内容都很不一样。有些人展示的内容会让人产生一种治愈感，有些人展示的内容会让人有一种浮躁感，还有些人展示的内容会给人一种精致上进的感觉……社交媒体于我而言，除了是一个可以展示自己生活态度的平台，更重要的一点，它是我成长的印记。

我在社交媒体中展示自己的生活和工作，也有幸得到一些小伙伴的喜爱和关注，能够给一小部分人带去鼓励和温暖。有学员询问："如何能够在社交媒体中保持源源不断的输出，持续不断地记录自己的成长？"结合我自己的亲身经验，一共有以下四点，供大家在生活的各个方面进行

参考。

要学会发现生活中的美。

相同的风景，不同的心境和态度，所感受到的东西是完全不一样的。最显而易见的就是在旅行中，如果你在享受当下的风景的同时，也聚焦于当下的人和事、当地的地域风情等，你的所观所感一定是前所未有的。相反，如果你只是仓促打卡，那么不管去到多美的地方，都不会抵达你的内心。

在平日的生活中，也可以多训练自己的"摄影眼"，把自己的眼睛当成一台相机，不断地去寻找和搜索一些美好的东西，发现生活中的美。把它记录下来分享给别人，得到的快乐也是加倍的。

要勇于创造自己喜欢的生活。

有些时候，人常常会给自己设置一些限制性因素，认为自己现在拥有的东西不够多，所以没有办法拥有自己喜欢的生活。比如，之前有学员跟我说："我生活在一个非常简单的环境里，每天被生活和工作压迫着，周围的人或事也不是特别喜欢，一直这样自怨自艾地生活。"其实我们可以拥有更好的选择，但要先改变这种消极的想法，将它变成"既然我改变不了环境，那我就改变自己的心境，在有限的环境里，勇敢地去创造自己喜欢的生活"。

诸如可以让自己的生活变得多姿多彩的成长项目，可以多阅读让大脑变得更加睿智的书，去做让身体变得更加灵活矫健的运动，练习让心灵沉静耐心的书法等。去尝试、探索各式各样的爱好，将这些热爱生活的过程一点点用手账或者图片记录下来。当你回过头再拿出来翻看时，也是别有一番滋味的。

乐于分享你的真实生活。

网络世界也好，现实世界也好，保持真实很重要。我们没有必要让自己活成一个"只活在别人眼里的人"，在乎别人的感受多于在乎自己的内心，是非常累的一件事情。《岛上书店》有一句话我非常认同："我们终其一生，都在摆脱他人对自己的期待。"这是我们自己的人生啊，千万不要把它交到别人手上。当你愿意把最真实的自己毫无保留地分享出来，内心一定是非常强大的。

保持持续输出。

在社交媒体上保持持续的输出是很重要的一点，是自己有想要成为微光，持续温暖他人的意愿。这是互联网时代中乐于奉献的一种表现，你会愿意成为那一小簇微光，哪怕只能带给别人一丝丝的光芒；在自己发光照亮他人的同时，别人也会用同样的方式温暖你和鼓励你。

2.借助摄影增添手账的高光时刻

人生就像浮光掠影，转眼即逝。许多美好的事物都会随着岁月的流逝和记忆的衰退而慢慢变得模糊。一直觉得，摄影的意义就像手账一样——背负着记录的使命。手账是用文字记录生活，摄影是用相机记录历史，过去的某一个瞬间或某一个画面能够被镜头捕捉到，便会让那一瞬间成为永恒。等到风烛残年的时候，只要再次看到这张照片，就能够回忆起过去的苦辣酸甜。

亚当斯曾说："我们不只是用相机拍照，我们带到摄影中去的是所有我们读过的书，看过的电影，听过的音乐，交往过的人。"

对于真心喜欢摄影的人来说，摄影是每个不同经历的人在这一生中寻找美、发现美、定格美和传递美的过程，即捕捉美好。拿起相机，按下快门，记录生活，记录世界，记录不一样的人生。所以对于爱手账又爱摄影的我来说，也是非常希望能够将手账的某些高光或温暖的时刻，传递给同样喜欢手账的人。每次用心记录完手账后，我都会将自己写手账时的心境和结果，用摄影的方式定格下来，将这个画面保存好。

简单四步：你也能拍出大片

我没有正经地学习过摄影，摄影作为自己的一个业余爱好，平时也只是喜欢多看多拍多总结，所以能分享的也仅限于自己在多年拍摄手账中总结出来的经验。我将手账摄影总结成简单的四个步骤，分别是构图、角度、光线和背景。即使是初学者，根据这简单的四步，也能够拍摄出相对比较喜欢和满意的手账照片。

在分享正确的拍摄方式之前，需要先知道如何能够规避掉一些常见的误区，我将常见的误区归类为六种：

① 手机投射下的阴影遮挡住手账中的文字，以及影响摄影作品的颜值；

② 照片的光线过于昏暗，未能突出照片想要表达的东西；

③ 主体不突出，只拍摄了一半的主体物；

④ 拍摄的背景过于凌乱，非常影响照片整体的感觉；

⑤ 构图失衡，角度不佳，摄影作品无法给人一种舒服的感觉；

⑥ 拍摄时对焦模糊，照片不清晰。

这六点都是我在实践中，常常会不小心陷入的误区，要多留心规避。希望每个热爱生活的人，都能拥有一个可以期待的未来，认真地生活，认真地发光。

一、构图

第一步首先是构图，好的照片构图是照片成功的一半。

构图，顾名思义就是照片画面上的布局或者结构等，它是可以帮助我们引导观众视线的。构图可以突出整个画面的层次感，同时也告诉观赏者，这个作品的主角就是想要突出的东西，其他的都是为其增添画面色彩的，有时候一些摄影作品还会通过构图来表达自己的情绪。

我最常使用的四种构图方式，静物摄影基本上没有离开过这几种构图方法，分别是居中平衡构图法、三分之一构图法、包围结构构图法和景深构图法。

居中平衡构图法

下面两张图片采用的是非常典型的居中平衡构图法，也是流行了好几年的简约风，不管是日系简约还是北欧简约，都一直比较受主流审美的喜爱。这种方式的简单之处在于，只要做到画面干净，使用同色系或者相邻色系，将需要突出的主体位置放在中间，摆设好构图后，将相机镜头平行于桌面拍摄出来即可。但需要注意的地方是，在摆放物品的时候，应尽量遵循物品与物品之间的平行关系。

09 生活美学管理体系

三分之一构图法

这种构图方式在很多拍摄中都可以使用。不管是拍静物还是拍人像，使用三分之一构图法，基本上都不会踩雷。而且这种构图方法操作非常简单，打开手机自带的照相机，调到正方形的比例，在对构图比例不熟悉的前提下，可以先尝试打开摄像机的九宫格参考线来定位三分之一。设置好手机设备后，将需要拍摄的物品放到正方形的三分之二处，也就是说，整

个正方形中有三分之一是留白的,刻意营造出画面的呼吸感。放置的物品同样可以保持同色系或相邻色系,这样拍摄出来的画面会特别干净。

留白是一种艺术,不管是写手账还是拍照等,留白都显得特别的重要和讨巧。像在写手账的时候,满屏都写满字的手账页面不一定好看,只要稍微留出适当的空间,就会更舒服、更好看。

包围结构构图法

包围结构与居中构图的区别在于,包围结构的主体会由一些与主体同色系或者相邻色系的小物件环绕,体现的是丰富、活泼的风格。

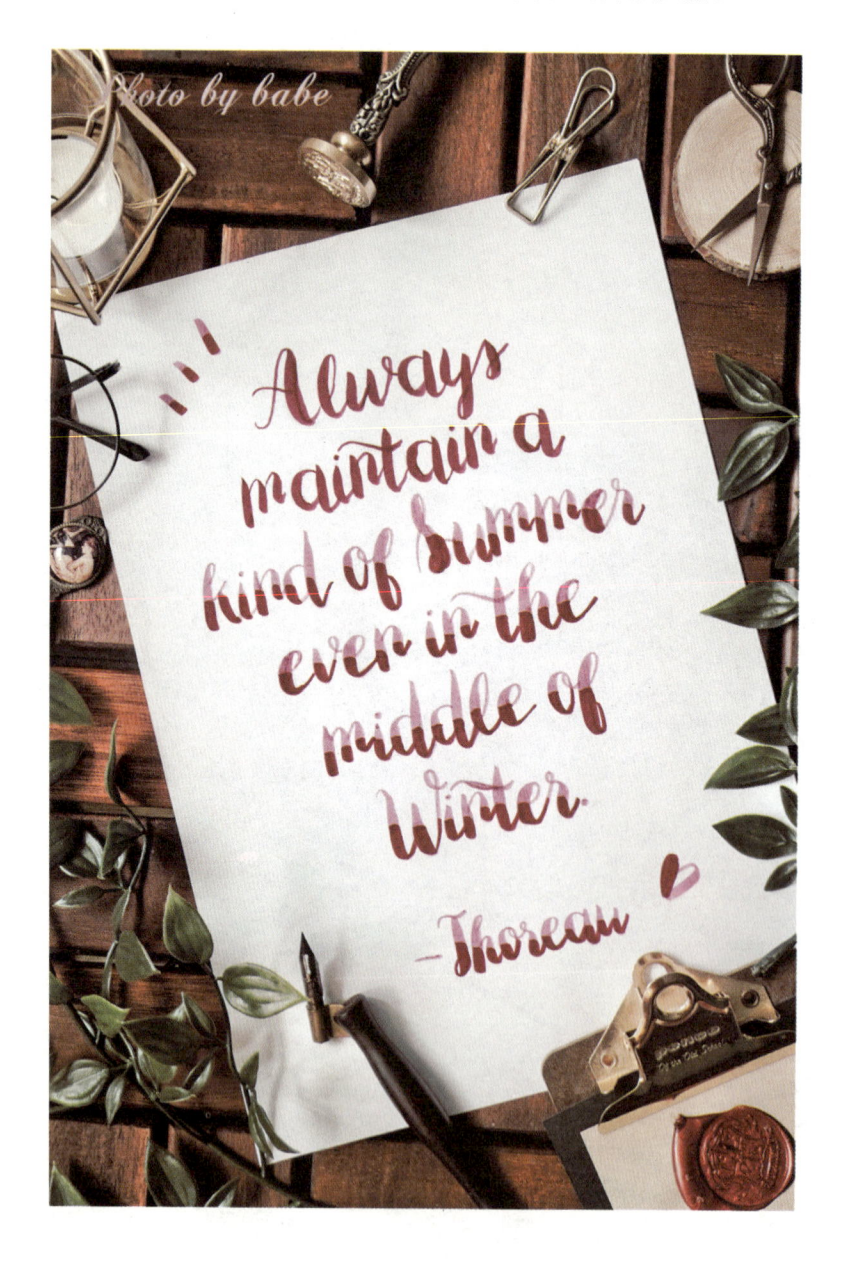

高倍速阅读法

The PhotoReading Whole Mind System

将阅读效率提升10倍的全新学习方法

整合 Arrangement
集中 Concentration
影像 Photo
处理 Treatment
快速 High-speed
效率 Efficiency
复习 SuperReading

[美] 保罗·R. 席列(Paul R. Scheele) 著
佳永馨玮 译

影像阅读法+全脑思维系统
全球快速学习训练经典著作

中信出版集团

景深构图法

　　景深的含义是指，焦点对准被摄主体的时候，主体与前后景物的清晰范围。景深越小，背景越虚化；景深越大，前后景越清晰。虚化背景的好处是使主体更突出。

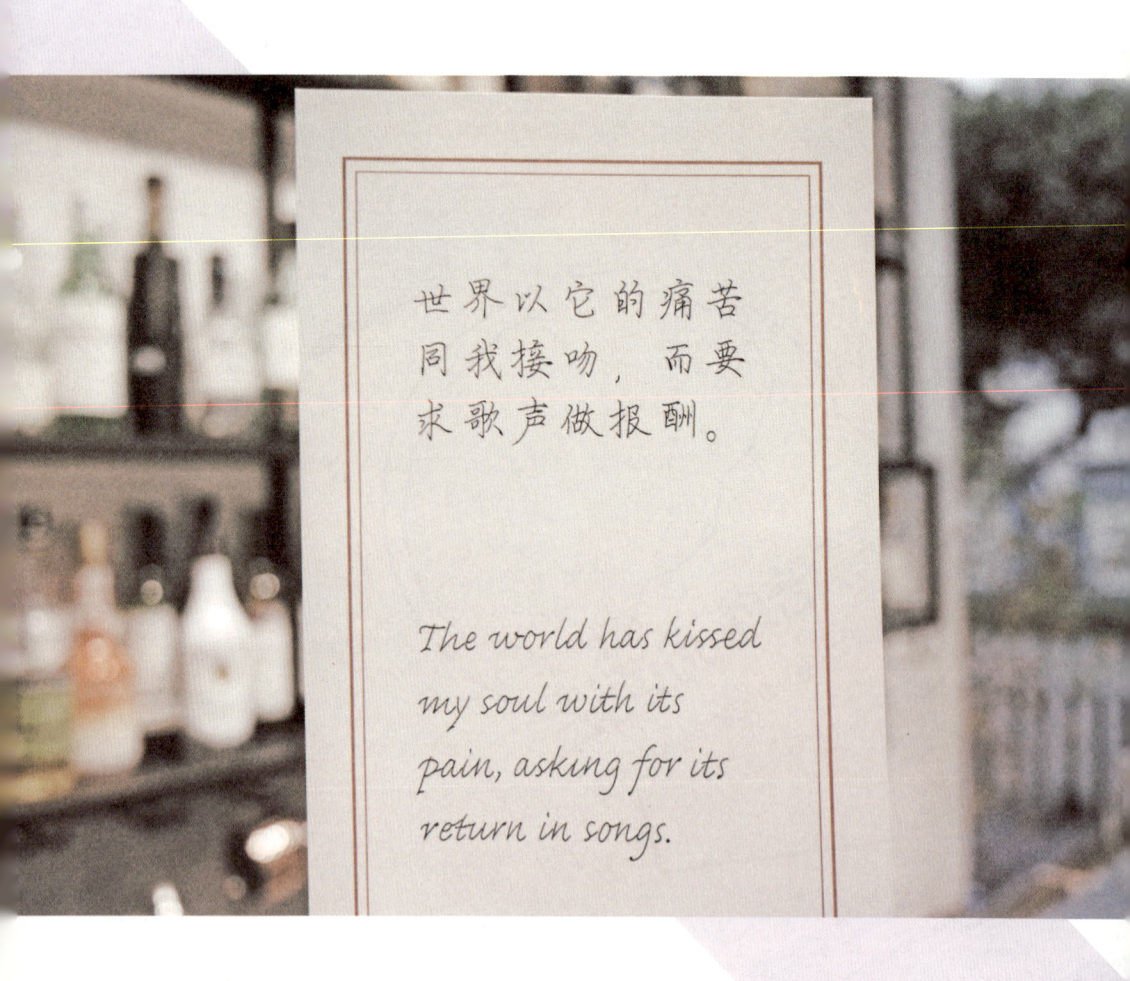

我在拍摄手账或者静物时，经常会打开相机的"微距"模式，它非常适合用浅景深，能够很好地突出主体，营造出柔和、干净、明亮的效果。

让每一天都有迹可寻的手账指南 ▲▼

2.角度

手账摄影很重要的一步是角度，在把握好构图以后，再掌握好角度就能够让照片更加丰富和多元。

在进行手账拍摄时，最常使用的角度有三种。

相机自上而下俯拍，这样可以拍摄完整的画面

　　这个拍摄角度适合于我们想要表达同一个主题的摄影作品，可以将这个主题的各种小物按照自己喜爱的方式平铺摆放，将相机镜头平行于桌面进行俯拍即可，可以让整个画面产生一些"故事性"和联想。比如，我在书店看书或者写手账时，习惯将自己阅读的书和手账一同摆放在桌子上，将完整的画面拍摄下来。当我再次看到这张图片时，便能够想起那一天我做过了什么事情，而且对外展示时，也能够表达出今日自己的一些学习成果。

斜角度拍摄

当我想要突出手账中的某些细节时，就会打开相机的"微距"模式，对焦在自己想要突出的细节上。手账摆放的位置可以稍微随意一些，不管从左边拍摄还是从右边拍摄都可以。在突出一些细节的同时，还能够让一些不那么重要的文字有一种朦胧美。

09 生活美学管理体系

让每一天都有迹可寻的手账指南 ▲▼

将相机垂直于桌面进行拍摄，相机与桌面的角度最好不要超过20°

这种方式是将自己那时那刻的视角，原封不动地呈现出来。如果对焦到离相机镜头较近的地方，远处就会呈现一些虚化感，让照片有一种空

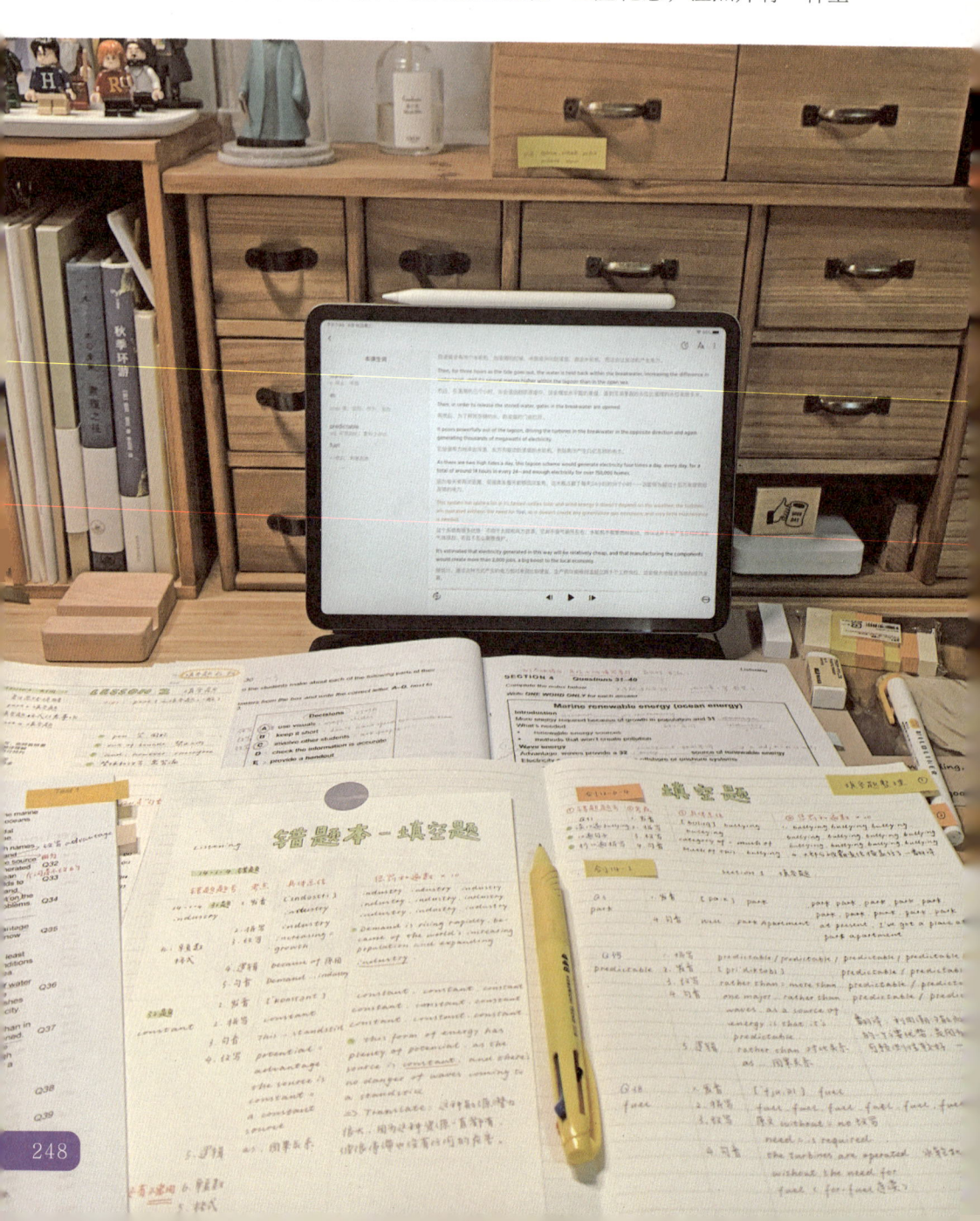

09 生活美学管理体系

间感。后期也能够在照片上加上一些文字，瞬间就会变得非常具有个人特色。

[音乐和手账都令人放松。]

249

3.光线

在摄影中，光线非常重要，光线决定了一张照片的调性。

在拿起相机开始拍摄之前，要思考即将拍摄的画面适合用什么样的光线，或者你喜欢什么样风格的照片，依此来调整光线。这里可以先对光线有一个初步的了解：

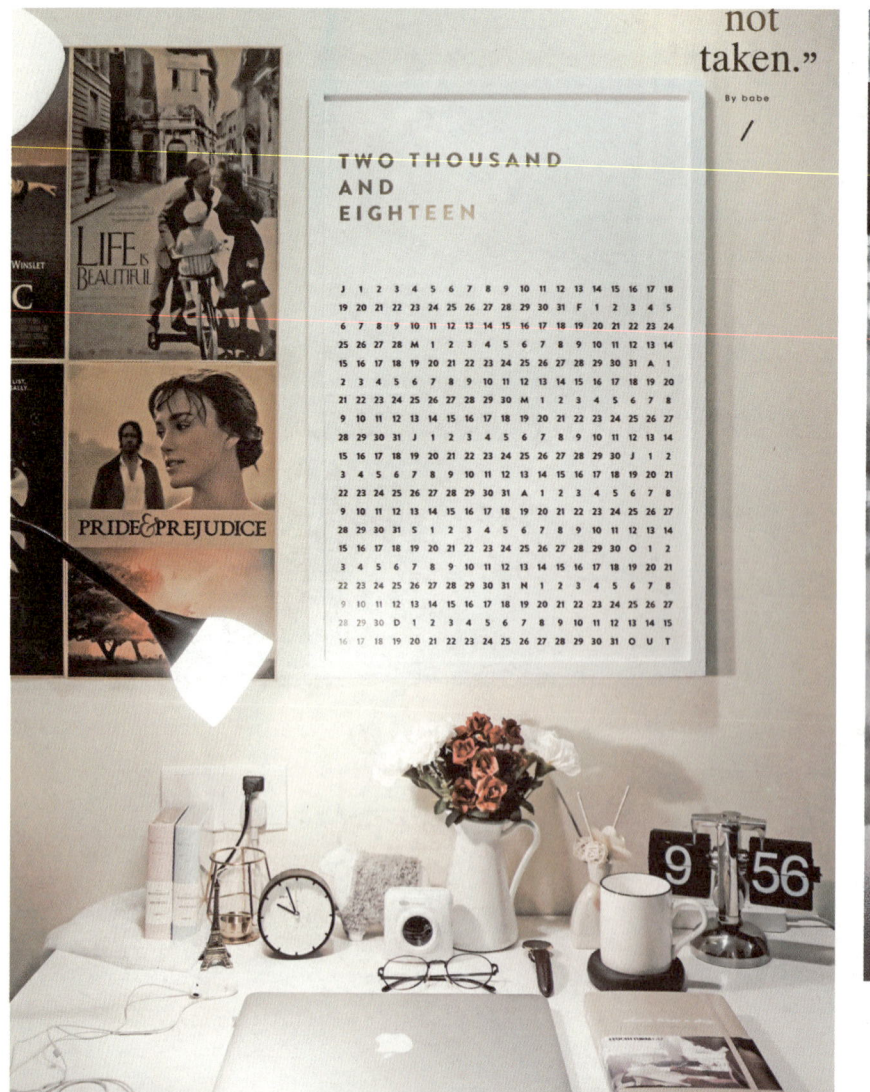

09 生活美学管理体系

常见的光线类别通常可分为自然光和人造光；
常见的光线方向可分为顺光、逆光和侧光；
常见的光线强度为弱光、柔光和强光。

布光在摄影中的重要性不亚于构图，复杂程度也更高一些。但对于手账摄影来说，可以简化成明、暗两种不同的光线，分别为亮调和暗调的风格。

4. 背景

背景的作用，是为了确定照片的风格，不同的背景会展示出不同的照片风格，比如很流行的复古风、日系风、ins风等。初学者如果对背景很难把控，最简单的就是以纯色为背景，既干净又整洁。

09 生活美学管理体系

在日常生活中，我首选纯色的背景和大理石背景，颜色大多是黑、白、灰或是金色等，类似于ins风。

其次，我喜欢使用一些深色的木板、桌布作为背景。比如在拍摄手账的时候，手账本的颜色是红色，我会用深色的木板进行搭配，用包围圆的构图，将小物件放置在手账本周围，对好焦后直接拍摄即可。

我的一些常见摆拍道具有明信片、烛台、火漆、小剪刀、印章、小夹子等。

练习摄影其实没有过多的诀窍，只有七字箴言：多看多拍多总结。把"发现生活中的美"当作探索这个世界的小冒险，用眼睛去感受这个世界的美好。

Goals

1. 每天一张照片
2. 完成10月bujo
3. 开启新课程

Just take it And smile back

9.25 一
- Take a Note
- Reading 40mins
- Watch Movie 30mins
- Finish my bujo

9.26 二
- Reading 40mins
- Watch movie 1h
- Take a Note
- Listen to the ps class

9.27 三
- Listen Mr. Mars
- Reading 40mins
- Take a photo 40mins
- Finish an article

9.28 四
- Listen to Mr. Mars
- Reading 40mins
- Take a photo 40mins
- Birthday dinner with colleage

I love you not for who you are, but for who I am with you.

We are all in the gutter, but some of us are look at the star.

9.29 五
- Listen to 《小鲨鱼》
- Take a Note 40mins
- Finish my 10 bujo
- Take photos 40mins
- Learning ps 2h

9.30 六
- Listen to Mr. Mars
- Learning ps 1h
- Take a Note 40mins
- watch movie
- Finish my article

In summary
Go ahead.

9月关的是机遇与挑战同行的月份。
第一次尝试线上直播课程,居然迟迟起过预想,10分贵超过自居,
果然处置量。内这个小小的举动,也完成了我那隐隐的微梦想。
紧接着的向下机会,也是助我的事业起来起好的台阶吧! 加油!

附录

精美手账作品展示

让每一天都有迹可寻的手账指南 ▲▼

附录 精美手账作品展示

让每一天都有迹可寻的手账指南 ▲▼

附录 精美手账作品展示

step back for one minu-te and look at the big picture.

退后一步，看人生大局。

If you can take it you can make it.

敢于实践，方能之实现。

04.16
thursday
- x practice English 1h
- x English diary D62
- x Take some video
  - for my vlog
- x 下颌线练习
- x 64 表刺 2h
- x 64 翻糕 4h
- x Talk with mates
  - About life
- x Reading 30mins

● 今天意外地和初中同学聊到了米乐。他也从马来西亚回来了呢。好可惜我又快要去厦门啦！哈哈，这都是什么缘分！

● 我想大多的生活都挺好的，希望现在也都可以平安喜乐的；上了生活的贼船，就做一个快乐的海盗吧。

04.17
friday

● 今天是我的休息日，但我好像想不到有什么可以休息是的。或许平时身体是累的，但我的精神还是没有放下来的感觉。

● 但晚上的时候打开音响，开始听歌，一边听一边写手帐，感觉整个人都放松了下来。所以有想不到累什么的时候，还是选择自己喜欢的事情来去做做看，好好玩。

- ● Day off - Friday
- x watch Tv series
  - ⟨Big Bang⟩ S11
- x Finish my bujo
- x Write some quotes
- x boxing L3 - 1h
- x Listen to the music
  - 18时骂洁先歌
- x Talk to mate
- x English diary D63
- x Read my report
  - 人类团报告

261

PAUL
DANO

"THE F

Ciao bella

A day without
laughter
is a day
wasted.

Nº 45

Ty·pog·ra·phy

DRAW
OUTSIDE
or LINES

Write your
story

《巴黎圣母院》

作者：[法] 雨果
出版社：上海译文出版社
一句话感想：最情最美好的阳光和爱意。

- [ ] 人的心只容得下一定程度的绝望，海绵已经吸够了水，即使大海从它上面流过，也不能再给它增添一滴水。

- [ ] 这是黄昏的太阳，我们却把它当成黎明的曙光。

- [ ] 一个独眼人和完全的瞎子比起来缺点更严重，因为他知道缺失什么。

- [ ] 极端的痛苦，像极端的快乐一样不能经久，因为它过于猛烈。

- [ ] 保持健康的秘密就是适当的节制食物、饮料、睡眠和爱情。

- [ ] 不幸的人往往如此，他珍惜生命，却看见地狱就在他的背后。

- [ ] 骄傲会使人倒霉，骄傲后面往往跟着毁灭和羞辱。

- [ ] 要想叫观众的心等待，无须问他们的声明马上开演，梦想叫观众的心等待，无须问他们的美，就在美的旁边。

- [ ] 历狱中的一切事非都是含无情的美，且怪藏在崇高的背后，美与恶所在，光明与黑暗相共。

让每一天都有迹可寻的手账指南